118元素 全百科

はじめに

メンデレーエフの素晴らしいアイデア

　周期表は，過去200年の科学史上屈指の画期的な発見の成果ですが，その誕生に必要だったのは科学的器具でも実験でもなく，ただのペンと紙，それから才あるロシアの化学者ドミトリ・メンデレーエフ（1834～1907）でした。1860年代初期，「元素はその原子構造によりそれただ一つに定義される」という当時の原子論に魅了され，メンデレーエフは，すでにわかっている元素すべてを単純な表に整理してみようと，その方法を探求しました。

　当時，物質が「元素」で成り立っていることは知られていて，そのうち63の元素がわかっていました。

　メンデレーエフは元素を横一行に長々と並べました。決定的なひらめきが浮かんだのは，この行の中にパターンがあると気づいたときです。似た性質をもつ元素が特定の「周期」をもって現れたのです。

　メンデレーエフは，その横並びの行を切り分けて，いくつかの短い行に並べ直し，似た元素が縦の列にそろうようにして，世界初の周期表を作り上げました。一番左側の縦の列に含まれていたのは，ナトリウム，リチウム，カリウムで，この三つはどれも常温（通常，約20℃の意味）では固体で，とてもさびやすく，水と混ぜると激しく反応します。

　これにより，メンデレーエフは「周期律」をも発見しました。元素は繰り返される族に分類できるということ，つまり，似た性質の元素が一定の間隔で現れることに気づき，それをまとめたの

です。ここで「似た傾向」を示す物性には，その元素の電気陰性度，イオン化エネルギー，金属特性，反応性が含まれます。

　最初の周期表は1869年に発表されましたが，その後もメンデレーエフはこの表に取り組み続け，時おり配列を調整し，その結果自分でつくった規則をときどき破ると，パターンがさらに強化されることに気づきました。そして，いくつかの元素の並び方を乱して空欄をつくったのです。たとえば，ヒ素は元の表で第4周期13族でしたが，それよりも15族の元素にもっと似ているとメンデレーエフは確信しました。そこで，ヒ素を15族の位置に動かし，その横の行の13族と14族を空欄のままにしたのです。

　のちにガリウムとゲルマニウムが発見され，ヒ素のすぐ前の空欄にぴったりふさわしい元素であったため，メンデレーエフの判断が見事に正しかったと証明されました。その後150年にわたり，アルゴン，ホウ素，ネオン，ポロニウム，ラドン等，数多くの元素が発見または合成され，それぞれが周期表の欄に当てはまり，118元素を含む現在の周期表になったのです。

　メンデレーエフによる表の配列し直しは，元素の性質に基づいた直感的なものでしたが，彼は生涯ずっと原子量による順番を使い続けました。1913年になって初めて，ヘンリー・モーズリーが，元素の順番の根底にある原理は，実のところ原子量ではなく，わずかに異なる「原子番号」という特質によることを証明しました。原子番号は，各原子がもつ陽子の個数で決まります。陽子は正の電荷をもつので，原子番号はその原子核の正電荷の大きさの指標です。その後，原子核のまわりにある電子は負の電荷をもち，その個数は陽子の個数と等しいため，各原子の正味の電荷はゼロに等しいということが発見されました。そして，モーズリーの成果は，新元素発見へとつながり，新たに整理し直された表にはさら

なる空欄ができることになったのです（詳細は134ページ参照）。

　今では，どの元素もその原子番号で特定できることがよく知られています。けれども，中性子の数も重要です。陽子の数が同じで中性子の数が違うさまざまな原子は「同位体（アイソトープ）」と呼ばれます。たとえば，陽子一つの原子は水素です。普通の水素原子は中性子がない水素原子で，軽水素（プロチウム，^1H）と呼ばれますが，このほかにも自然に発生する同位体が二つあります。重水素（デューテリウム，^2H）は陽子一つと中性子一つ，三重水素（トリチウム，^3H）は陽子一つと中性子二つ。そして，さらに同位体を合成することも可能で，三重水素を重水素の原子核に衝突させると，陽子一つと中性子三つの四重水素（^4H）を合成することができます。しかし，これは極めて不安定な同位体であるため，瞬時に崩壊して自然界に存在する安定な同位体になってしまいます。

　メンデレーエフのまだ完全でなかった周期表は，当時発見されていなかった物質を予言しただけではなく，化学者たちをさらに深い原子の理解・探求へと駆り立てました。その後，化学者たちは，周期表の縦の列すなわち族の類似性が，その元素の内部構造によって決まることを理解するようになりました。原子内の電子はいくつもの層を成して配置されていて，その層は電子殻と呼ばれます。それぞれの電子殻に入ることができる電子の最大個数は決まっていて，一番内側の電子殻は電子2個まで，二番目の電子殻は電子8個まで，三番目は18個までです。

　原子番号が大きくなるにつれて，電子殻の電子の入るスペースは内側からだんだん「埋まって」いきます。周期表の同族元素は，一番外側の殻の電子（最外殻電子）の個数が等しく，この最外殻

電子の数と配置こそが化学反応における原子の振る舞いを決める
のです。分子を構成する原子が互いに電子を授受し，分子がその
過程で変化するのが化学反応です。最外殻のスペースが完全に埋
まっている元素（たとえば，ヘリウム，ネオン，アルゴン等の貴
ガス）は，とても安定していて，ほぼ化学反応を起こしません。
いっぽう，最外殻に空きスペースがある元素はより反応性があり
ます。

　同一元素で，同じ数の電子であっても，その配置が違うと原子
の結合に違いが引き起こされることは知っておくべき重要事項で
す。炭素の結合構造が違うと，ダイヤモンド，黒鉛，煤といった
非常に異なる物質になり，これは炭素の「同素体」と呼ばれます。

　このように，私たちが現在理解している万物の化学構造という
ものは，メンデレーエフの周期表にしっかり基づいています。理
論的な道具としての周期表の利用は，亜原子粒子の驚くべきミク
ロ世界の扉を開く鍵の一つになりました。このブレイクスルーは，
メンデレーエフの業績に加え，19世紀の間に広く受け入れられ
るようになった原子論の発展があったからこそ，成し遂げられた
ものでした。

　ジョン・ドルトンは，19世紀初期の天才的アマチュア科学者
です。非国教徒であったため，当時のイギリスではほとんどの大
学から入学を許可されず，盲目の哲学者ジョン・ゴフから教育を
受けました。マンチェスターの急進的なニュー・カレッジで教職
を務めていましたが，大学の財政悪化により大学を去り，その後
独自の実験を行い続けて，天気予報や気体の法則，色覚異常に関
する私たちの理解に大きく貢献しました。

　とはいえ，ドルトンの最も重要な偉業は，「原子論」として知
られる理論です。ドルトンは，元素が予測可能な規則性をもって

お互い結合する事実（たとえば，化合物は，それを成す複数元素が決まった割合で結合してできているということ）に考えを巡らせていた間に，世界で初めてさまざまな「原子量（相対原子質量）」を求めました。そして，1810年，水素，酸素，窒素，炭素，硫黄，リンの原子量をまとめた原子量表を発表しました。

　ある元素を構成する個別の原子はすべて等しく，かつ固有の質量をもつ，というこの考え方こそが，その後何十年も化学の発展を支え，メンデレーエフの周期表へ至る道を築いたのです。

　原子論と周期表がつくられてきた歴史と重要性のあらましを見てきました。さあ，周期表にある発見済みの元素118個を原子番号順に訪ねる，短期周遊ツアーに出発しましょう。

※いくつかの元素については，その分類が，科学の発展とともに変更され，今でも議論される要素もあります。しかし，本書における元素の分類は，基本的に原著の内容を採用しています。

水 素

1	
H	
1.008	
Hydrogen	

分類：非金属
原子番号：1
色：無色
融点：－259℃ （－434℉）
沸点：－253℃ （－423℉）
発見年：1766年

　水素は，陽子1個だけの原子核と電子1個で構成されている，可能な限り最もシンプルな原子です。ビッグバン直後に形成された最初の元素の一つで，今でも宇宙に最も豊富にある元素です。水素は無数の星を燃やし，ヘリウムに変換されてきたにもかかわらず，観測可能な宇宙の75％を未だに占めていて，ほかのどの元素よりも多くの化合物に現れます。

　軽く無色でたいへん燃えやすい気体であり，地球上には水（水素原子2個と酸素原子1個が結合した化合物）の姿で豊かにあります。原子をなかだちとした水素結合相互作用によって，分子間のつながりがより強くなっているので，水の沸点は比較的高く，そのため地球の大気内では通常液体として存在します。いっぽう，低い温度になると，水分子はがっちり結合し，空洞の多い結晶を形成します。たいがいの物質では液体よりも固体のほうが密度が高いのですが，この空洞の多さのために氷は水より低密度で軽くなり，それで氷山は海に浮かぶのです。

　また，水素は炭素と結合して，石炭や原油や天然ガスといった

化石燃料の主成分である炭化水素を構成します（水素は可燃性の高い元素です。ろうそくが燃えるのは主に，油やロウから解放された水素が，酸素に接して燃えるからです）。水素が存在しなければ，太陽で常に起きている核融合反応による熱や光もなくなってしまうのです。

　16世紀，スイス出身の錬金術師パラケルススは，金属を強い酸と混ぜると，燃える気体の泡が生まれる現象を発見しました。1671年にイギリスのロバート・ボイルも，鉄くずと酸（塩素と水素の化合物である塩化水素の水溶液）を混ぜて同じことを観察しました。それから1世紀近くたった1766年，イギリスのヘンリー・キャベンディッシュが，この気体は別の元素であり，可燃性のある気体であると指摘しましたが，当時提唱されていたフロギストン（燃素）を含む空気であると誤って考えました。さらに1781年，この気体が燃えると水が生み出されることにも気づき，可燃性のある気体，つまりフロギストンを含む空気が「フロギストンを含まない空気」（酸素）と結合して水を生成すると提唱しました。1783年になってついに，フランスの天才的な化学者アントワーヌ・ラヴォアジエがこの気体に，ギリシア語の「水を生ずるもの」という意味から「hydrogen（水素）」という現在の名前をつけたのです。

　水素は極端に軽く，そのため純粋な形の水素は空気中にほとんどありません（放出されると，すぐ上に上がって，大気の外へ逃げ出してしまいます）。酸素や窒素よりずっと軽いため，初期の熱気球に使われました。また，飛行船にも使われましたが，20世紀初期の飛行船（ツェッペリン型飛行船等）旅行ブームは，1937年にアメリカで起きた旅客飛行船LZ129 ヒンデンブルク号の大爆発事故によって，突然終わってしまいました。

しかし，水素はスペースシャトルのメインエンジン等，NASA
のいくつものロケットに使われ，これらのロケットは液体水素と
酸素を燃料としています。また水素エネルギーは，直接燃料とし
て使われるかもしれません。おそらくは燃料電池の形で，自動車
用の化石燃料に代わる未来のクリーンエネルギーになりえるもの
で，排出物は水蒸気のみです。ただし，乗り越えなくてはならな
い問題があります。まず，このようにたいへん燃えやすい物質の
大量保管は危険です。また，水素を生産するために，炭化水素か
ら精製するとさらなる温室効果ガスを生むことになりますし，水
を電気分解させると電力が必要で，その電力をまず化石燃料に
よって生産するはめになってしまうのです。

　水素には実に多くの用途があります。たとえば，肥料用のアン
モニアの生産，シクロヘキサンやメタノール（プラスチックや薬

フロギストン，打破された学説

　キャベンディッシュを間違わせたフロギストン説は，すべて
の可燃物には火の元素であるフロギストン（ギリシャ語の「燃
える」が語源）が含まれているとした，今や消滅した学説です。
フロギストンを含む物質が燃焼すると，このフロギストンが
外に出て脱フロギストン化すると考えられていました。ところ
が，金属が燃焼すると質量が減らずに増えることから，この説
への疑いが生まれました。そして，ラヴォアジエが，密閉した
容器を使った燃焼実験を行い，合計質量が変わらないことから，
燃焼とは質量をもつ気体（酸素）と結びつく反応であると
考え，フロギストン説が間違いであることを証明したのです。

品生産用）等の化合物の合成，マーガリン，ガラス，シリコンチップ等，多くの重要な製品の製造に使われています。

ヘリウム

2	
He	
4.002602	
Helium	

分類：貴ガス
原子番号：2
色：無色
融点：－272℃ （－458℉）
沸点：－269℃ （－452℉）
発見年：1895年

　この宇宙では，水素でないものの大半がヘリウムです。この二つは最も軽くシンプルな元素で，ほかの元素はもっと重いのにもかかわらず，全部合わせても宇宙の質量のわずか約2パーセントを占めるのみです。

　しかし，ヘリウムは地球上にはわずかしかなく，実のところ，1895年までその存在も確証されていませんでした。ヘリウムは貴ガスの一つで，極めて反応しにくい元素であるため，水素のように多くの化合物から採取されるわけではありません。しかし，ちょうど水素のように，純粋な形では空気より軽く，地球の大気外へ逃げ出しやすいのです。ヘリウムは地中の天然ガスに含まれていて，トリウムやウランといった放射性元素の崩壊により生成されます。

ヘリウムは，太陽の質量の約24パーセントを占めます。恒星の極端な高熱の中で，水素原子核が融合してヘリウム原子核になり，この核融合反応により膨大なエネルギーが生み出されます。核融合エネルギーは尽きることがなく，環境にやさしい将来のエネルギー源になるかもしれないと考えられていますが，地球上でこの核融合過程を再現するには，おそらくまだ何十年もかかることでしょう。

　元素を識別する方法の一つは分光器を使うことです。この器具は，各元素によるそれぞれ異なる色の炎を分析して，「元素の指紋」ともいえる，元素ごとに異なるスペクトルを測定することができ，このような炎色反応の発光は連続スペクトルではなく，線スペクトルの集まりになります。1868年，日食の間に二人の天文学者（フランスのピエール・ジャンサンとイギリスのノーマン・ロッキャー）が，それぞれ独自に，当時知られていた元素のどれとも一致しない明確な線が太陽のスペクトルの中にあると気づきました。ロッキャーは，それまで発見されていなかった元素であると考え，それをヘリウムと名付けました。ギリシャの太陽神ヘリオスにちなんだ名ですが，これ以外の「～ウム」という元素名が皆金属であることから，当時ヘリウムが金属であろうと思われたことがわかります。その後20年以上，ヘリウムの存在を示すさらなる証拠は見つからず，ロッキャーの発見の正当性が証明されたのは，1895年にイギリスの化学者ウィリアム・ラムゼーが，ウラン鉱石を酸に反応させて得た気体にほんのわずかのヘリウムを見つけたときでした。すでにウラン鉱石の中に形成されていたヘリウムが，酸によって溶けた鉱石の表面から放出されたわけです。

　ヘリウムはすべての物質の中で最も低い沸点をもつため，ほかの物質を過冷却するために使うことができます。たとえば，大型

ハドロン衝突型加速器や，核磁気共鳴画像（MRI）装置等の超電導磁石等の冷却，またNASAのロケットが使う液体水素の冷却にも使われています（物質を固体に凝固しないまま，凝固点以下に冷却することを，過冷却といいます）。圧縮されたヘリウムは速やかに拡散するため，一部の自動車のエアバッグにもヘリウムが入っています（アルゴンや窒素もこの目的に使われます）。

　ヘリウム供給には不足問題が発生しています。1990年代にアメリカのヘリウム民営化法によって備蓄が市場放出されてからは市場価格が急落したものの，地球上のヘリウムは，わずかしかない天然希少資源であり，生成には何億年もかかります。ですから，ヘリウムガスの入った風船は楽しいものですが，風船から出たヘリウムが大気から逃げ去ってしまうことを覚えておいてください。この貴ガスの賢い使い道とはいえないでしょう。

ドナルドダック効果

　アメリカの天然ガス鉱床でヘリウムが発見され，1915年テキサス州に初めてヘリウム生産プラントが建設されました（阻塞気球に使うため米軍に供給）。1919年から，アメリカ海軍は深海潜水時の窒素酔い問題を解決しようと，さまざまな気体混合物で実験を行っていました。1925年の実験記録に，ヘリウムと酸素の混合気体を吸ったダイバーによる，声の質が変わりコミュニケーションが困難になったという苦情が残されていました（空気より軽い気体の中では音がより速く伝わり振動数が高くなるため，声が甲高くなります）。その後時がたち，ヘリウムが大量に生産されて風船用として一般に普及すると，変声用のヘリウムガスも出回り，子どもたちが声を変えて遊べるようになりました（注：変声用のヘリウムガスには酸素が含まれています。風船用には含まれていないため，こうした遊びに使うと酸欠を起こすこともあり危険です。変声用等の用途で吸引される場合は，ヘリウムガスだけではなく必ず適正な濃度の酸素ガスを混合させた安全なものを用いるようにしてください）。

リチウム

3
Li
6.94
Lithium

分類：アルカリ金属
原子番号：3
色：銀白色
融点：181℃ （358℉）
沸点：1342℃ （2448℉）
発見年：1817年

　ビッグバンで最初に生まれた水素とヘリウム以外の元素は，その二つよりはるかに少ない量ですが，金属リチウムだけであったと，科学者たちは信じています。1800年，ペタル石という，宝石にもなりえる淡い色や無色の鉱石が発見されました。そして，1817年，ペタル石が当時まだ知られていなかった元素を含んでいることをスウェーデンの化学者ヨアン・オーガスト・アルフェドソンが発見しました。アルフェドソンは，それを「石」という意味のギリシャ語「lithos」にちなんでリチウムと名付けました。カリウムやナトリウムといったほかのアルカリ金属が，植物灰や動物の血液等の有機物の中から確認されたのに対して，リチウムが鉱石の中から発見されたからです。1821年，イギリスの化学者ウィリアム・トマス・ブランドが，酸化リチウムの電気分解によってリチウムを単離することに成功しました。リチウムは軟らかく銀白色で，金属の中で最も軽く，水に激しく反応します。

　リチウムは，地球上で天然には単体の金属として存在せず，わずかな量がさまざまな火成岩の中に見られ，鉱泉水に溶け込んでいます。単体のリチウムは高い反応性のため，灯油等の保護液の

中に保存して腐食を防ぎます。

　2世紀，ギリシャの医師ソラノスは躁病やうつ病の患者に，地元の（リチウムを含むことがのちに確認された）泉からのアルカリ性湧水を処方していましたので，そうとは知らずにリチウムを薬として使っていたのかもしれません。炭酸リチウムは19世紀から薬用に使われ，効果はまちまちでした。とりわけ1940年代からは双極性障害の治療に使われていますが，副作用や潜在的毒性の懸念が騒がれています。

　リチウムはまた，アルミニウムやマグネシウムとの合金にも使われ，それぞれの金属をより強く軽い素材にするため，軽い金属を高速で使う必要がある航空機，自転車，電車等に使われています。リチウムイオンの行き来で充放電を行うリチウムイオン電池は，軽く持続時間が長いのが特徴です。ノートパソコンなどで使用されています。

セブンアップ怪事件

　初期のコカ・コーラにコカインが入っていたことを知っている人は少なくないかもしれません。ですが，あなたは初期のセブンアップに，気分安定薬としても使われるクエン酸リチウムが入っていたことは知っていましたか？　チャールズ・レイパー・グリッグが創業したハウディ・コーポレーションは，1920年に「ビブ印リチウム・レモン・ライム・ソーダ」という名の新しい炭酸飲料を発売しました。その後，商品名はセブンアップに変更され，1948年には飲料製造者がリチウムを製品に入れることが違法になりました。

ベリリウム

4
Be
9.0121831
Beryllium

分類：卑金属
原子番号：4
色：銀白色
融点：1287℃　（2349℉）
沸点：2469℃　（4476℉）
発見年：1798年

　人類にとってベリリウムが未知の物質であった頃から，人々はこのレアメタル（希少金属）を含む鉱石に魅了されてきました。ベリル（ベリリウムアルミニウムケイ酸塩：和名は緑柱石）にはさまざまな色の種類があり，美しい宝石になる鉱石です。たとえば，アクアマリン，ヘリオドール，エメラルド（魅惑的な緑色はわずかなクロムやバナジウムによって生まれています）。エメラルドは，古代エジプト人もケルト人もローマ人もそろって高い価値のあるものとし，かつては中央ヨーロッパやインド亜大陸で産出されていましたが，やがて南米やアフリカでも発見されました。

　18世紀，フランスの聖職者および鉱物学者ルネ＝ジュスト・アユイは，ベリルの化学成分組成に未知の元素が含まれているのではないかと，フランスの化学者ルイ＝ニコラ・ヴォークランに分析を頼みました。そして，1798年にヴォークランは新しい金属の存在を発見し，グルシニウムと名付けて発表しました。一部の化合物が甘い味であることから，ギリシャ語の「甘い（glykys）」にちなんだ命名でした。しかし，ベリルから派生したベリリウムという名のほうが普及して使われるようになりました。

それから約30年後，フランスとドイツの化学者がそれぞれ独自に，塩化ベリリウムをカリウムと反応させることによって，ベリリウムの単離に成功しました。ベリリウムは軟らかく銀白色で低密度の金属です。宇宙では非常にまれで，ビッグバン後に形成されましたが，恒星の中ではつくられず，超新星爆発でのみ形成されます。

　ベリリウムはいくつか特殊な性質をもち，中性子を反射させ，そのいっぽうX線の透過率が高いという特性があります。イギリスのジェームズ・チャドウィックはベリリウムにアルファ線を当てて中性子を発見し，1935年にノーベル賞を受賞しました。今日これらの特質を活用し，たとえば，ベリリウム箔はX線リソグラフィのX線透過窓，ベリリウム金属は，中性子を反射させてウランに照射する核弾頭内部のベリリウム窓X線管に使われています。また，硬く軽く，極低温にも耐えられる特性のため，宇宙から天体観測を行う宇宙望遠鏡にも使われます。さらに，銅やニッ

危険な金属

　初期の蛍光灯は，蛍光体にベリリウム酸化物が使用されていました。あいにく，ベリリウムの煙霧には毒性があり，ベリリウム症と呼ばれる肺炎の原因になりました。この製造法は，アメリカの蛍光灯工場で多くの患者が出た後，1940年代終わり頃に中止されました。マンハッタン計画に大きく貢献したアメリカの原子物理学者ハーバート・L・アンダーソンは，核開発計画のウラン研究中に発症し，40年も闘病し続けて，1988年に亡くなりました。

ケルとの合金（銅やニッケルの電気伝導率および熱伝導率を向上）は，ジャイロスコープ，電極，バネ等に使われ，ほかの合金は航空機や人工衛星に使われています。

ホウ素

5
B
10.81
Boron

分類：半金属
原子番号：5
色：黒色
融点：2076℃ （3769℉）
沸点：3927℃ （7101℉）
発見年：1732年

　ベリリウムのように，ホウ素は何世紀もの間その化合物の一つであるホウ砂（ホウ酸ナトリウム，四ホウ酸ナトリウム，四ホウ酸二ナトリウムといった別名もあります）のみが知られていました。ホウ砂はホウ酸塩であり，白く軟らかい結晶状で，水に入れると溶けてしまいます。長い歴史の中で，洗剤，化粧品，難燃剤，防虫剤に使われ，古代の金細工師には，フラックス（融剤），つまり金属を扱いやすくするための添加物として使われました。チョーサーのカンタベリー物語にも出てきますし，エリザベス朝時代のイギリスでは化粧品として使われました。当時流行した卵の殻や油と混ぜて顔に塗る白いファンデーションの材料になったのです。

中世に発見されていたホウ砂の原産地はチベットの湖にある鉱床のみで，シルクロードを通ってアラビア半島，そしてヨーロッパへ運ばれて取引されました。19世紀にさらに鉱床が発見され，とりわけカリフォルニア州やネバダ州の砂漠の鉱床が発見されてからは，もっと広く使われるようになりました。パシフィックコースト・ボラックス社は，当時砂漠からの出荷に使われた輸送方法にちなんだ「20 Mule Team Borax（ラバ20頭引きホウ砂輸送隊）」という，今でもアメリカでは知られているブランド名のホウ砂商品を売りだしました。

　1732年，フランスの化学者クロード・F・ジョフロア（「若いほうのジョフロア」と呼ばれることもあります）は，ホウ砂に硫酸を反応させてホウ酸を生成してから，アルコールを加えて火をつけると，独特の緑の炎が生まれることに気づきました。この検査はホウ素の存在を示すもので，その後ホウ素の存在を確かめる標準的な方法となり，デスバレーの鉱床発見時にたいへん役立ちました。

　1808年，フランスの化学者ジョセフ・ルイ・ゲイ＝リュサックとルイ・ジャック・テナールの二人組，それからイギリスのハンフリー・デービーは，それぞれ独自にホウ砂をカリウム金属と熱してホウ素の単離に成功し，純度は高くなかったものの，その単離物が，茶色の多くの有用な化学的性質をもつ非晶質固体であることを示しました。そして1909年になって初めて，アメリカのエゼキエル＝ワイントローブが純粋なホウ素の単離に成功しました。

炭　素

分類：非金属
原子番号：6
色：透明（ダイヤモンド），黒色（黒鉛）
融点：ダイヤモンド：3550℃（6422℉），
　　　　黒鉛：3370℃（6588℉）
昇華点：3642℃　（6588℉）
発見年：紀元前約3750年

　地球上のすべての生き物は炭素を中心にできています。実のところ，それ以外の生き物が可能であるのかどうかは確実にはわかっていません。炭素は，同時に四つの原子と結合することができる4価の原子です。このため，さまざまな長さの鎖や環をもつ，

1000万以上もの化合物を形成します。

　19世紀初期まで，生き物およびたんぱく質や炭水化物といった化学物質には，「生気」が含まれているために，無機物とまったく異なるのだと考えられていました。ところが，1828年，動物の尿内から見つかる尿素の結晶が実験室で合成され，有機物と無機物の間には本質的な違いがないと証明されました。

　炭素循環において，植物やプランクトンは光合成によって二酸化炭素から炭素を取り込み，副産物として酸素を放出します。それと同時に，酸素は炭素と組み合わさって炭水化物を合成します。これが窒素やリンやほかの元素といっしょになって，DNAやアミノ酸の成分である塩基や糖等，生命に必要な分子を形成します。人間を含めて光合成をしない種類の生き物は，細胞構造に必要な炭素を得るためにほかの植物や動物を消費しなくてはなりません。そして，二酸化炭素として吐き出されたり，細胞死後，体が腐敗したりして，炭素は循環の始まりに戻ります。

　ですから，炭素は，さまざまな形での物理的な用途を考えるまでもなく，非常に重要なのです。たいへんおもしろいことに，純粋な炭素の同素体の間には驚くほどの違いがあります。炭素には3種類の天然に存在する同素体があり，それは，今から6000年前の古代エジプトの頃から知られている，ダイヤモンド，黒鉛，そして無定形炭素（木炭など）です。この三つの間の根本的違いは原子配置だけです。けれども，ダイヤモンドは透明で極度に硬いのに，黒鉛は黒色で軟らかいのです。いったいどうしてこの二つが同じ物質なのでしょう？

　それは，多くの固体が「結晶格子」をもっているからです。結晶をつくる原子は，その原子同士の結合方法によって定まる規則正しく繰り返される空間的な立体構造に配列され，それが結晶格

子です。ダイヤモンドは，その原子が立体的な四面体（三角形が4面あるピラミッド型）の配列にぎっしり並んでいます。いっぽう，黒鉛の原子は，同じようにぎっしり並んではいますが，平面的な層が上下の層とただ弱くつながっているだけなので，軟らかいのです。このような原子レベルの構造の違いにより，まったく異なる性質をもつ同素体になるのです。

ダイヤモンドと炭素のほかの同素体が関連していることは何千年もの間わかっていませんでした。17世紀にフィレンツェの科学者2名（ジュゼッペ・アヴェラーニとチプリアーノ・タルジョーニ）が，大きな虫眼鏡を使い太陽熱を集めてダイヤモンドを破壊できることを発見しました。1796年にはイギリスの化学者スミソン・テナントが，ダイヤモンドは単に炭素の異なる形であることを証明して世界を驚嘆させました。ダイヤモンドを燃やし，生成物が二酸化炭素のみであることによって明らかにしたのです。

炭素は強い結合で水素と結合し，炭化水素鎖を形成します。炭化水素は地下から採取できる化石燃料から抽出でき，プラスチック，ポリマー，多くの繊維，溶剤，塗料等に使用されます。化石燃料の燃焼による二酸化炭素排出量の増加は地球温暖化を引き起こし，持続可能な代替エネルギーが大幅に普及するまで問題は継続するでしょう。

炭素は多くの製造工程にも欠かせません。たとえば，木炭やコークスは鉄を鋼にするのに使われ，黒鉛は鉛筆の芯（英語では「鉛」を意味する「lead」と呼ばれますが，鉛でできているわけではありません），モーターのブラシ，炉の裏貼に使われ，ダイヤモンドは岩石切断やドリルに使われています。炭素繊維はとりわけ強く軽い素材であるため，釣り竿やテニスラケット，また航空機やロケットの動く部品にも使われています。

近年，科学者たちは，炭素から驚くべき性質をもつエキゾチックな新しい同素体を生成する方法すら発見しました。1985年に発見されたフラーレンは，炭素原子が形成する空洞のケージです。フラーレンの一種は炭素原子60個による空洞ボールのような形をしているため，バッキーボールと呼ばれます。1991年に飯島澄男が発表したカーボンナノチューブは，直径わずか1ナノメートル（10^{-9} m）の細いチューブで，炭素原子のシートが筒状に丸まって形成しています。

　おそらく，最も素晴らしい炭素同素体は，奇跡の次世代素材として広く期待されているグラフェンでしょう。先に紹介した炭素のシートが幾重にも重なった「グラファイト」はマクロスケールで軟らかいのですが，グラファイトを構成する個々のシートである「グラフェン」は信じがたいほど硬いのです。科学者たちは1960年代から，二次元で非常に軽く，極度に強く柔軟な炭素素材をつくることが可能かもしれないという理論を展開してきました。そしてついに2004年，このグラフェンという素晴らしい素材を生み出したのです。電気回路，高性能な太陽電池，いわゆる「スマートシューズ」，軽量航空機，そして，脳からコンピューターへのインターフェイス機能をもつ新種の脳インプラントまで，さまざまな用途が可能です。

　炭素のストーリーは進行中で，さらに驚くべきものになろうとしています。

窒 素

7
N
14.007
Nitrogen

分類：非金属
原子番号：7
色：無色
融点：－210℃ （－346℉）
沸点：－196℃ （－320℉）
発見年：1772年

　窒素は地球の大気の約78パーセントを占める気体で，エア
バッグからスプレー式クリーム，病院で使われる笑気ガスなどさ
まざまな用途があります。しかし，単体として知られてからは約
250年ほどしか経っていません。

　18世紀の科学者たちは，私たちが吸う空気の成分に夢中にな
りました。1750年代にスコットランドの化学者ジョゼフ・ブラッ
クは二酸化炭素を単離しました。そして，大理石などの鉱物に酸
をかけると放出されるこの気体を「固定空気」と呼びました。大
理石などの鉱物に酸をかけると放出される気体だから，鉱物に固
定されていると考えたのです。しかし，この気体は「毒気」とし
ても知られていました。その中に動物を入れると窒息してしまう
ことが観察されていたからです。密閉した空間で酸素が燃え尽き
ると残りの気体で同様の現象が発生しますが，この気体でこの現
象を引き起こすのは窒素（大気中の，二酸化炭素などを含む無酸
素気体）でした。

　ヘンリー・キャベンディッシュは毒気を調べていたときに窒素
を発見しましたが，一般的にはブラックの弟子ダニエル・ラザ

フォードが発見者として知られています。ラザフォードは同じような実験をしてその発見を1772年に発表しました。キャベンディッシュは，きちょうめんで，やや執着心のある人物で，気体成分を分離する実験を何度も繰り返しました。最初は空気を熱した炭の上に通し，酸素を二酸化炭素に変えました。それから，二酸化炭素をアルカリ水溶液を使って溶かしました。後に残った分離された気体の主な成分は，のちに窒素，英語ではnitrogen（「硝石」と「生じる」という意味の言葉が語源）と名付けられました。硝酸カリウムを形成するからであり，これは初期の火薬の重要な成分でした。

　窒素は爆発物の発展において重要な役割を果たしました。ニトログリセリンは衝撃によって爆発する液体で，グリセリンを硝酸に反応させて生成します。アルフレッド・ノーベルは，ニトログリセリンを軟らかい岩石である珪藻土（別名：ダイアトマイト）に吸収させる方法を見つけ，もっと安全な爆発物ダイナマイトを発明しました。

　アジ化ナトリウムを使う自動車のエアバッグは，窒素の爆発性を利用しています。ナトリウムと窒素の化合物で，火花によって爆発を引き起こすと窒素ガスとナトリウム金属に分解し，窒素がすばやくエアバッグをふくらませます。

　窒素はまた，果物一切れを冷凍したいときにも役立ち便利です。液体窒素は急速冷凍に用いられています。窒素の中で冷凍されたバナナがハンマーで粉々に砕かれるビデオは，ネット上でいくつも見つけられるでしょう。窒素は果物の保存にも使われます。冷蔵でない，窒素の密閉箱に果物を保存すると，酸素による反応が引き起こす劣化を防ぎ，最長2年間も保存できるのです。

　窒素はまた，缶ビールの泡を生むウィジェットにも使われます。

ウィジェットは窒素が入った小さな穴があるボールです。缶に入れられて，圧縮工程時に少量の液体窒素がビールに加えられます。缶が密閉されると，これが膨張し，窒素がボールの中へ押し込まれます。そして，缶を開けると，圧力が開放されて，小さな穴から気体が勢いよくビールに噴き出して泡となります。スプレー式のクリームも圧縮された窒素の働きによるものです。この場合は，亜酸化窒素（笑気）をクリームに吸収させ，それを缶に圧縮して入れます。圧縮が一時的に開放されると，圧力がクリームを缶から押し出します。

　緑色植物や藻も硝酸塩を吸収し，DNAや，たんぱく質を構成するアミノ酸を生成するのに役立てます。つまり，窒素は生物にとって欠かせない重要元素なのです。動物は食物から窒素を消費し，窒素はやがて放出されて大気に戻ります。そして，土の中の微生物や細菌が窒素を硝酸塩に変換し直します（窒素と水素の化合物であるアンモニアから製造された化学肥料を加えると，このプロセスはさらに助長されます）。

酸 素

8
O
15.999
Oxygen

分類：非金属
原子番号：8
色：無色
融点：－219℃ （－362℉）
沸点：－183℃ （－297℉）
発見年：1770年代

　炭素とともに，酸素は地球上の生命の最も欠かせない構成物の一つです。私たちは酸素を吸い，吸収し，二酸化炭素を吐き出します。私たちの脳，DNA，細胞，体のほぼすべての分子は酸素に頼っていて，人間の体の約60パーセントは，水，つまりH_2Oでできているのです。

　酸素は宇宙で3番目に多い元素ですが，地球にこれほど豊かにあるのは偶然の産物です。もっと大きい動物が存在し始める前，植物や藍藻はエネルギーを太陽から得て，二酸化炭素を吸収し酸素を放出していました。酸素は反応性の高い元素ですから，大半の酸素はほかの元素に反応して化合物を形成しました。たとえば，地球にある岩石全体重量の46パーセントが酸素だと知っていましたか？　たとえば，ありふれた砂は実のところ二酸化ケイ素で，多くの金属は酸化物から抽出され（例：赤鉄鉱から鉄，ボーキサイトからアルミニウム），石灰岩などの炭酸塩鉱物も酸素を含んでいます。

　それに加えて，排出された酸素も大気に入って徐々に大気の21パーセントを占めるほどになり，惑星地球化が遂げられまし

た。水に溶けた酸素のおかげで, 水の中でさまざまな生物が育ち, 長い年月をかけて地上の生き物へ進化しました。

　15世紀, レオナルド・ダ・ヴィンチはろうそくが空気なしには燃えないことに気づき, 空気に何か燃焼を可能にするものが含まれているのではないかと考えました。1770年代に3人の化学者が別々に酸素を発見しました。1774年にジョゼフ・プリーストリーは酸化水銀に日光を集中させて発生した気体を集め, その気体がろうそくの火をより明るく燃やすことを発見しました (化学者仲間のヘンリー・キャベンディッシュも気づいたのですが, 「脱フロギストン空気」だと誤って認識していました)。1777年に, スウェーデンの科学者カール・ヴィルヘルム・シェーレは, 1771年に行った実験で酸素を発見したと論文で発表しました。また, アントワーヌ・ラヴォアジエも酸素を確認し, 実際これが, フロギストンなしの空気などではなく, まったく新しい気体であることを明らかにしました。ラヴォアジエは, 「酸を生む」という意味の「oxy-gène」と命名しました。この気体がすべての酸の中に存在するという誤解に基づいているのですが, 誤りにもかかわらず, そのまま根付いてしまいました。

　酸素の欠点の一つは, あまりにも反応性が高く, 多くの微生物を育ちやすくしてしまうため, 食品の腐敗などのさまざまな劣化を起こしてしまうことです。長年の間, 科学者は, 食品から酸素を除去する方法を発明しようと努力してきました。たとえば, 果物を窒素の中で保存したり, 埋めたり, 缶や真空パックに保存する方法です。また, 冷凍, 乾燥, 燻製, 瓶詰などの方法で酸素による劣化を防げます。

　高度の高いところでは大気中の酸素濃度が低下して, 呼吸しづらくなります。酸素は, 私たちが吸う酸素分子 (酸素原子2個が

結びついた分子）として現れるだけではありません。3個の酸素原子が結びついた，オゾンとして知られるO_3も存在します。成層圏では，紫外線放射があたることによって酸素分子O_2が絶えず酸素原子Oに分解され，それが酸素原子2個の酸素分子O_2と結合してオゾン分子O_3を生成し，次にそれが紫外線にあたって再び分解します。これは継続的に続くプロセスで，私たちを太陽の危険な紫外線から守ってくれる非常に重要なものです。極地において運がよければ見ることのできる美しいオーロラは，太陽風が大気の非常に高いところにある酸素分子と衝突することで生じています。

再び燃える火

　昔からある化学実験の一つは，純粋な酸素の性質を調査するものでしょう。まず，純粋な酸素（もしくは酸素の密度が高い空気）をフラスコに入れます。そして，木製の棒に火をつけて，それを振って炎を消します。すると，先端に息を吹きかけるとよりオレンジ色に輝きますが，炎が再点火することはありません。けれども，一瞬酸素の入ったフラスコに入れると，すぐにまた火が燃えだします。これは，酸素の反応性が高く，簡単に火を燃やすことを示しています。

フッ素

9
F
18.998403163
Fluorine

分類：ハロゲン
原子番号：9
色：淡黄色
融点：－220℃ （－363℉）
沸点：－188℃ （－307℉）
発見年：1886年

　　フッ素は，塩素，臭素，ヨウ素，アスタチンと同様に周期表の17族，すなわちハロゲンに属します。ハロゲンの語源は「塩を生み出す」という意味の言葉で，これはハロゲンが金属に反応して，フッ化カルシウム，塩化ナトリウム（食塩），臭化銀などのさまざまな塩を形成するからです。これらはまた，非常に反応性が高く致死的となりえる共通の性質をもっています。純粋な形のフッ素は特に危険です。わずか0.1パーセントのフッ素が含まれている空気を吸っただけで，数分以内に命を失うことになるのです。また，フッ素ガスをレンガやガラスのような固体に当てると，一瞬で燃えだして激しい炎が広がります。

　　けれども，フッ素を含むもっと安全な化合物もあります。蛍石（フッ化カルシウム）は1520年代には炉の中の「融剤」として使われていました。融剤は，熱して溶け流れ出すことにより金属を加工しやすくするものです。その時代の錬金術師たちは，蛍石などのフッ化物一般には未知の物質が含まれていると知っていましたが，それを単離することはできませんでした（誰かがやり遂げていたとしても，おそらくその作業のために死んでしまい，やり

遂げたことを発表できなかったのでしょう）。

1860年，イギリスの科学者ジョージ・ゴアは，もう一歩でこの気体を単離できるところでした。フッ化水素酸に電流を流し，もしかすると，ある程度フッ素を安全に生成したのかもしれませんが，それを証明することができませんでした。1886年にやっと，フランスの化学者アンリ・モアッサンが電気分解でフッ素の単離に成功し（途中で死なずに），のちにその業績でノーベル賞を受賞しました。

私たちは安定した形のフッ素を頻繁に使っています。人間には重要なもので，天然水にフッ素が多く含まれている場所では虫歯が少ないという研究に基づいて，多くの地域で水道水に添加されています。この添加については議論が続いていますが，フッ素は歯みがき粉にもよく配合されています。フッ素は歯に触れると小さい結晶を形成し，それが酸や虫歯に対する抵抗性を高めるのです（注：現在水道水のフッ素添加はアメリカ等多くの国で行われていますが，日本では行われていません）。

もう一つのよくある化合物はポリテトラフルオロエチレンです。何やら難しい名前ですが，テフロンという商品名はよく知られているでしょう。1938年にアメリカのデュポン社の研究員ロイ・プランケットが，新しいタイプの冷媒ガスの研究をしていたときに発見しました。ボンベに炭素とフッ素からなるテトラフルオロエチレン（四フッ化エチレン）ガスを保存した後，内壁についた白い粉を発見したのです。

この物質は，耐熱性や耐化学薬品性が高く，非常に低温で優れた柔軟性をもつ合成樹脂でした。こうした性質から宇宙探索に活用され，また非粘着性を利用したノンスティック加工の鍋やフライパンが広く普及しました。テフロン加工の衣服は，撥水性が高

く雨を通さないのに，水蒸気を通す通気性もあるため，雨の中で
運動や仕事をする人にとっては理想的です。

ネオン

分類：貴ガス
原子番号：10
色：無色
融点：−249℃ （−415℉）
沸点：−246℃ （−411℉）
発見年：1898年

　ネオンは，メンデレーエフの周期表をきっかけに化学者たちが
見つけようとした元素の一つで，周期表がなければそんな興味が
わかなかったことでしょう。イギリス人化学者ウィリアム・ラム
ゼー卿は，すでにヘリウムやアルゴンやクリプトンといった貴ガ
ス（化学反応を起こしにくいことから貴ガスは不活性ガスとして
も知られています）のいくつかを発見していました（15ページ，
56ページ，90ページ参照）。周期表はヘリウムの下でアルゴン
の上にあたる空間に一つの元素があると予言していました。
　ラムゼー卿はユニヴァーシティ・カレッジ・ロンドンの同僚で
あった化学者モーリス・トラバースといっしょに，その未知の元
素を探し続けました。すでにアルゴンの単離には成功していたの
で，液体空気から，窒素・酸素・アルゴンをそれぞれ分留で取り

除きました。この分留操作で残ったガスを原子分光計で検査したところ，熱したガスは非常に強く輝きました。液体状になるまで冷却した大気を暖めて気化したガスをそれぞれ分留する実験を行っているとき，大気主成分（窒素・酸素・アルゴン）を取り除いた後に残る物質から，クリプトン・キセノン・ネオンをそれぞれ見つけたのです。

トラバースは次のように記録しています。「試験管からの真っ赤に輝く炎は，それ自身のストーリーを語り，心にとどまる決して忘れられない光景であった」（今では分留という単純な手法が，空気からネオンを抽出するのに使われています。）

この新しいガスの名前に，ラムゼーの当時13歳であった息子が，ラテン語で「新しい」という意味の「novum」を提案しました。ラムゼーはそのアイディアを採用しましたが，ただしギリシャ語の「neon」を使うことにしました。最初はかなりつまらない元素でした。反応性に乏しいからです。実際，ネオンと反応する元素はありません。

しかし，鮮やかな赤い光はフランスの化学者で発明家のジョルジュ・クロードの想像力に火をつけ，クロードはネオンガスが入った密閉ガラス管に放電することにより，それまでになかった新しい照明をつくったのです。クロードのネオン・ランプはまず1910年に珍しいものとしてパリの展示会で陳列されました。ところが，商業的用途を見つけるまではそれから10年以上かかりました（単に，人々が赤い照明を家や道路に使いたがらなかったせいです）。いったん曲がった管で光る文字をつくる方法が実現すると，クロードの会社，クロード・ネオンは特にアメリカで大成功しました。最初のネオンサインはロサンゼルスの自動車ディーラーが購入し，通りがかりの人々が立ち止まって素晴らし

い最新式の広告に見とれたのでした。

ナトリウム

11 Na 22.98976928 Sodium	**分類**：アルカリ金属 **原子番号**：11 **色**：銀白色 **融点**：98℃　（208℉） **沸点**：883℃　（1621℉） **発見年**：1807年

　少なくとも二つの重要なナトリウム化合物が，古代文明のときから使われてきました。古代エジプト人はナイル川の近くの洪水

後に乾いた平原から炭酸ナトリウム（炭酸ソーダ）を抽出しました。この結晶は洗剤として使われ、聖書にも記載されています。塩（塩化ナトリウム）は、塩類平原（あるいは地中埋蔵）から収穫され、食事に加えられたり、動物性食品から吸収されたりと、常に人間の食生活にとって欠かせないものになっています。

私たちの体にはおよそ100gのナトリウムが含まれています。これはカリウムやカルシウム同様に電解質で、細胞への物質流出入調節に欠かせません。細胞の神経シグナル伝達に役立ち、体内の水分レベルを調節しています。しかし、ナトリウムの摂りすぎは血圧を上げ危険になりえますので、高血圧患者は塩分摂取を控えることをすすめられます。

歴史上、塩税は社会の混乱を何度も引き起こし、たとえば、フランス革命に至る原因の一つになりました。大英帝国が、人口の大半が菜食主義者であるインドで塩税を義務付けたとき、マハトマ・ガンディーが抗議のために率いた「塩の行進」は、インド独立運動における重要な転換点となりました。

ナトリウムは、地球上で6番目にたくさんある元素で、その化合物が人間に幅広く使われてきましたが、本当の性質が理解されたのは19世紀になってからのことでした。反応性が非常に高く、天然に純粋な形で見つかることは決してありません（空気に触れるとすぐ酸化して変色するので、特定の油の中で保存するしかありません）。

純粋なナトリウムを初めて抽出したのは、ロンドンの王立研究所に所属していたハンフリー・デービー卿でした。デービー卿は、電流を苛性ソーダ（水酸化ナトリウム）に通すことで金属の小さな粒をつくり出しました（今日では通常塩化ナトリウムを溶融塩電解して生産します）。

多くの実用的用途があり，たとえば原子炉の冷却材，塩の形で冬に道路にまかれる凍結防止剤，苛性ソーダの形で排水管クリーナー，そして生化学分野で試薬（化学実験で反応を起こす物質）として使われています。しかし，多くの化学者がいちばんおもしろい用途だと思うのは，薄く切ったばかりのナトリウムを水の中に落とし，その反応で炎を発する爆発が起きるのを安全な距離をおいて見ることかもしれません。これは危険ですので，自分の家で絶対に試さないでください。ネット上の実験ビデオを見るほうが賢い方法でしょう。

台所の化学者

　塩とソーダは何千年も人間に使われてきました。苛性ソーダは13世紀に石けん職人がつくり出しましたが，ベーキングソーダ（重炭酸ナトリウム，つまり重曹）が成分の一つであるベーキングパウダーはずっと後になって作り出されました。1843年，イギリスの科学者アルフレッド・バードが，イースト・アレルギーの妻を助けるためにつくり出したのです。重曹が酸に反応して二酸化炭素の泡が生地の中に放出されるため，ふっくら焼けるわけです。

マグネシウム

分類：卑金属
原子番号：12
色：銀白色
融点：650℃ （1202℉）
沸点：1090℃ （1994℉）
発見年：1755年

　マグネシウムは，私たちが簡単で安全に使える最も軽い金属です。リチウムやナトリウムはともに反応性が高く，ベリリウムは非常に用心して使わないと毒性が高すぎます。マグネシウムは空気中で火をつけると非常に明るく燃え，リボン状のマグネシウムを燃焼させることは，学校でよく行われる理科実験の一つです。

　マグネシウムもまた，生物にとって非常に重要な元素で，クロロフィル（葉緑素）の主成分として光合成においてとりわけ大切な役割を果たします。マグネシウムが欠乏すると，葉の縁が黄褐色になったり，不規則な赤黒い斑点ができたりします。解決法は，葉にスプレーをしたり，土に炭酸カルシウムマグネシウムを加えたりすることでしょう。

　私たちは植物やほかの動物からマグネシウムを摂取します。特に小麦ふすま，米ぬか，チョコレート，ブラジルナッツ，大豆，アーモンドなどに豊富に含まれ，神経や筋肉の機能，血糖値の調節，たんぱく質合成など，さまざまな体内機能を支えています。胃腸の病気の一部はマグネシウム欠乏を起こし，無気力や鬱やほかのさらに深刻な症状の原因となりえます。慢性疲労症候群（略称

CFS) /筋痛性脳脊髄炎（略称ME）にマグネシウム欠乏がかかわっていることもありえます。

　スコットランドの化学者ジョゼフ・ブラックが，炭酸塩岩マグネサイトから抽出したマグネシア（酸化マグネシウム）と炭酸塩岩石灰岩から抽出した石灰（酸化カルシウム）を比較研究し，マグネシウムが元素に違いないと1755年に認識しました。そして1808年，イギリスのハンフリー・デービー卿が酸化マグネシウムの電気分解によって，少量の純粋な金属マグネシウムを単離しました。

　歴史的には，マグネシウムは（ケイ酸マグネシウムの形で）高級なタバコ用パイプであるメシャムパイプをつくるのに使われ，激しい炎は初期の懐中電灯の電球に，また第二次世界大戦では非常に大規模な火災と火災旋風を起こす恐ろしいマグネシウム爆弾に使われました。マグネシウムの固体に火をつけるのは難しいた

薬用マグネシウム

　エプソムソルト（エプソム塩）は，17世紀から便秘解消のために使われています。イギリスのエプソムという場所で，干ばつの最中にある水たまりを飼牛が無視しているのを不思議に思って調べた農夫が発見しました。その水たまりには硫酸マグネシウムの苦い結晶が含まれていたのです。発見後，薬として使われだしました。「ミルク・オブ・マグネシア」という欧米で一般的な薬をご存知の読者もいるでしょう。酸化マグネシウムが水に分散している懸濁液で，消化不良や便秘解消に使われます。

め，この爆弾はテルミット反応で発火させました。幸い，もっと建設的な用途もあります。マグネシウム金属は安全に使うことができ，特にアルミニウムやほかの軽金属との合金は，自動車や航空機用の金属部品を軽くするために使われます。また携帯電話やノートパソコンを軽量化するためにも使われています。

アルミニウム

13
Al
26.9815385
Aluminium

分類：卑金属
原子番号：13
色：銀灰色
融点：660℃ （1220℉）
沸点：2519℃ （4566℉）
発見年：3世紀か1827年

　アルミニウムは，缶，アルミ箔，台所用品，日用品から航空機，自動車，送電線まで，非常に幅広い用途で役立っている元素です。軟らかく打ち延ばすことのできる軽金属で，毒性がなく非磁性で導電体です。重要なことに，鉄は酸化により錆びますが，アルミニウムは非常に薄いながらも頑丈な酸化アルミニウムの膜を形成することで，より頑丈になります。また，地殻において金属の中では最も多い重量を占め，純粋なアルミニウムは幅広くさまざまな合金，たとえば，マグネシウムやシリコンやマンガンや銅との合金に使われています。これらの合金は，軽重量にする必要があ

る航空機，自転車，自動車によく使われます。

　アルミニウムは，古くは3世紀から精錬されてきたのかもしれません。中国の西晋時代の将軍・周処の墳墓から発見された金属製装飾品の組成がアルミニウム85パーセントだったのです。しかし，もし古代中国に部分的でもアルミニウム精製技術があったとしたら，それは何世紀もの間失われていました。18世紀，化学者たちは酸化アルミニウムが金属を含んでいるに違いないことを突き止めました。デンマークの化学者ハンス・クリスティアン・エルステッドが試みて成功できなかった手法を，1827年，ドイツの化学者フリードリヒ・ヴェーラーが完成させ，初めて金属アルミニウムの単離に成功しました。塩化アルミニウムをカリウムと熱することで，純粋なアルミニウムを生成したのです。

　その20年前，ハンフリー・デービーも，成功しなかったものの単離に近づき，その化合物から精製しようとしていた金属を，「ミョウバン」を意味する「alum」という言葉を使って「aluminum（aluminiumのiがありません）」と名付けました。これが，アメリカ英語とイギリス英語のスペルの違いを生みました。国際純正・応用化学連合（IUPAC）は，金属として，「-ium」の語尾を使うことを決め，アメリカ化学会（ACS）は元のスペルに戻ることを選び，今は両国同士お互いが「間違った」スペルと発音を使っていると思っているのです。

　現在，アルミニウムは比較的容易に生産されていますが，現代の生産法が開発される前は貴重な金属でぜいたく品とみなされていました。1860年代，フランスのナポレオン三世の晩餐会では王族の客たちをもてなすためにアルミニウム製の皿が使われ，そこまで身分が高くない客には金の皿が使われていたといわれています。

ケイ素

14	
Si	
28.085	
Silicon	

分類：半金属
原子番号：14
色：金属光沢をもつ青灰色
融点：1410℃　（2570℉）
沸点：2355℃　（4271℉）
発見年：1824年

　ケイ素の別名はシリコンです。シリコンと聞いて，コンピューターに使われている小さなシリコンチップをまず思い浮かべたとしたら，ケイ素が地殻の28パーセントの重量を占めている（つ

まり酸素に次ぐ2番目に多い元素）ことに驚かれるでしょう。天然では化合物としてしか見つけられていませんので，皆さんにとってより馴染みがあるのは，火打石，砂，水晶，石英，めのう，アメシスト，オパールなどの酸化物，それから，花崗岩，石綿，長石，雲母，粘土などのケイ酸塩でしょう。これらの化合物の中のケイ素は，もともと崩壊中の星の内部の核融合によって形成され，超新星爆発で星が一生を終えたときに放出されたものです。

　これらの化合物はどれも長い歴史の中で幅広く使われてきました。人類の最も初期の武器の一部は火打石からつくられました。建設用に使われる花崗岩などの岩石は複雑なケイ酸塩です。砂（二酸化ケイ素）と粘土（ケイ酸アルミニウム）は，コンクリート，セメント，セラミックス，ほうろうの重要成分です。オパール，石英，アメシストはどれも古代文明で貴重な価値があるとされていました。ガラスが，黒曜石の形で天然に存在する場所もあります。紀元前2世紀，砂を溶かすと単に異なる形に凝固し，金属加工の副産物として小さなガラスの粒が生まれることを発見し，人間はガラス製造を学びました。石綿は，天然のケイ酸塩の一つで，何千年もの間その耐火性を活用して使われてきました（発がん性があるため，現在では使用が禁止されています）。

　ケイ素はあまりにもさまざまな形で存在するせいで，19世紀まで化学者たちにほぼ無視されていたのかもしれません。1824年，スウェーデンの化学者イェンス・ベルセリウスによって，比較的純粋な粉末状のケイ素がケイフッ化カリウムから分離されました。その後，1854年にやっと，初めてフランスの化学者アンリ・ドビーユが結晶シリコンを生成しました。

　それ以降，ケイ素はさらに役立つようになりました。たとえば，アルミニウムや鉄との合金は，変圧器のコア材，エンジンのシリ

ンダーブロック，工作機械などに使われます。炭素と混ぜて生成されるシリコンカーバイドには強力な粘着性があります。ケイ素は酸素と化合することでシリコンと呼ばれる高分子化合物を形成します。これは少々ゴムに似ているため，浴室のコーキングや，議論のある用途ですが，豊胸インプラントに使われています。

　デジタル世界の中心地「シリコンバレー」の名は，シリコンチップが非常に重要である証しといえるでしょう。一定の条件で電流を通すけれども，そうでなければ通さないという半導体として，ケイ素の性質を活用しています。実際にチップに使われているのは，ドープされたケイ素です（つまり，小型トランジスターのような機能をもたせるために，少量のほかの元素がケイ素に添加されています）。

　SF作家（と一部の科学者）は，炭素でなくケイ素を中心とするケイ素生物が宇宙に存在するのではいかと想像しています。この二つの元素は周期表では縦に並んでいて，炭素と同じくケイ素も一度に四つのほかの原子と結合することができるのです。しかし，ケイ素生物がいるとしたら，おそらく極度の低温や豊富なアンモニアなど，地球とはずいぶん違う種類の惑星を必要とするでしょう。

　いずれにせよ，ケイ素は地球の生命体の中でおもしろい役割を果たしています。プラント・オパール（植物の内部に形成される小さなシリカ）の役割はあまり判明していませんが，腐らないので化石の中に残り，科学者には非常に役立っています。イラクサの棘というのは，イラクサの表皮にある小さなケイ酸塩のかけらです。複雑なケイ酸塩構造は，光合成を行う最も小さい生物の一つである珪藻の内部にも見られ，珪藻は地球上の非常に多くの酸素を生み出しています。

　ですから，宇宙にケイ素生物がいるかもしれないというのは，

そう馬鹿げた話ではないのかもしれません。

リン

| 15 P 30.973761998 Phosphorus | **分類**：非金属 |

分類：非金属
原子番号：15
色：白，赤，紫，あるいは黒
融点（白リン）：44℃ （111℉）
昇華点（赤リン）：416〜590℃ （781〜1094℉）
沸点（白リン）：280℃ （537℉）
発見年：1669年

　リンは13番目に発見された元素でした。縁起が悪いとされる13と，ほかの喜ばしくない性質のせいで，ときに悪魔の元素とも呼ばれてきました。1669年にドイツの錬金術師ヘニッヒ・ブラントがリンを発見しました。ブラントは「賢者の石」を探し求めていた間に，腐食させるために何日も大きな容器に入れたままにしていた尿（ずいぶん臭かったはずです）を沸騰させて蒸留したのです。沈殿物を再び熱すると濃縮されて，亜リン酸の輝く蒸気が発生しました。その1世紀後，ラヴォアジエがこの元素を，古代ギリシャ語で「光をもたらすもの」を意味する「phosphorus（リン）」と名付けました。当時使われた簡単な生産方法は，動物の骨を硫酸に溶かしてリン酸をつくり，それを木炭で熱して白リンを生産する方法でした。

リンはいくつもの同素体や異なる色の形状をもち，最も一般的な白リンは，毒性が高く，空気中で危険すぎるほど燃えやすく，暗闇で光を発し，触れると肌にひどい火傷を負うことになります。赤リンはもっと安全で，マッチ箱の側面についているものです。1827年からイギリスのストックトン＝オン＝ティーズで製造されていた初期のマッチなどでは，白リンが使われていましたが，マッチの製造工場で働いていた多くの若い女性たちが，アゴの骨が崩壊するリン性壊死に苦しんだため，白リンの使用は20世紀初期に禁止されました。

リンは恐ろしい武器にも使われてきました。曳光弾，焼夷弾，発煙手榴弾のたぐいから，1943年にハンブルグで大火災を引き起こした白リン爆弾などです。サリンなどの神経ガスにも使われ，1980年代のイラン・イラク戦争で多くの死亡者と負傷者を出し，1995年には東京の地下鉄サリン事件で多くの死者・負傷者を出しました。

幸い，単体のリンを自然界で見つけることはできません。せいぜい，さまざまな機能で命に重要でDNAに含まれているリン酸塩，歯のエナメル質，骨を見るぐらいです。私たちは，ツナ，卵，チーズなどの食品からリンを摂取します。リン酸塩は肥料にも使われ，ここ数世紀の間に人類は農産物の生産量を大きく増やすことができました。けれども，私たちはリン循環の深刻な問題にぶち当たろうとしているのかもしれません。一つには，肥料や洗剤としてリン酸塩を使いすぎ，これが河川や湖の汚染につながり，藻の繁殖や，光合成に依存する水中生物の減少が発生し，その結果，それらが生成する酸素を必要としていた生物まで減少させてしまっています。また，もう一つには，あと数世紀で私たちはリン資源を使いはたしてしまうかもしれません。かつてはグアノ（海鳥などの糞の堆積物）や家畜と人間の排せつ物をリン酸肥料

にしましたが，今では限られた地域で産出されるリン鉱石だけが，唯一採算の合う資源なのです。

　同時に私たちはリンをあまりにも多く環境に放出していて（使用可能なリン酸塩として容易に再生できない形で），食物生産の現水準を支えるリン酸塩を損なっているのです。今のところあまり多くの人々が注意を払っていないにもかかわらず，多くの科学者が今後の100年に起こりうる非常に大きな環境危機の一つになると考えています。

人民の敵

　アントワーヌ・ラヴォアジエは，税関や税金の仕事をするフランスの役人，徴税請負人でした。政治的な人脈は優れた研究の費用調達に役立ちましたが，無残な最期を迎える理由になってしまいました。1794年，フランス革命の後，恐怖政治の最中に税の不正による罪を着せられてギロチンに送られたのです。

硫黄

| 16
S
32.06
Sulphur | **分類**：非金属
原子番号：16
色：黄
融点：115℃ （239℉）
沸点：445℃ （833℉）
発見年：先史時代 |

　悪魔と関連付けられるもう一つの元素は硫黄です。聖書の中に15回も登場し，ソドムとゴモラという都市は硫黄の火によって滅ぼされたとされています。おそらく，硫黄自体に悪魔のような性質があるわけでなく，硫黄の化合物のひどい匂いのせいで，この悪評が生まれたのでしょう。自然界で見つかる元素で，鮮やかな黄色い結晶が火山地域の岩によく付着しています。歴史上，布を漂白したりワインを保存したりするために使われてきました。硫黄を燃やして二酸化硫黄（別名：亜硫酸）で布や樽をいぶしたのです。今日，未精製の化石燃料の燃焼によって二酸化硫黄が大気に排出され，酸性雨や都市部の大気汚染悪化が引き起こされています。

　錬金術師たちは，すべての金属が硫黄と水銀と塩を含んでいると信じていたので，それらの物質を使ってさまざまな奇妙でおもしろい実験を行いました。硫黄は，硫化水素や，チオールと呼ばれる硫黄化合物のいずれかの形のとき，悪臭を発します。卵が悪くなり，グロブリン（卵に多く含まれているたんぱく質）が劣化して硫化水素を生成すると，実に臭い匂いが発生します。スカン

クはブチルセレノメルカプタンというチオールを放って自分の身を守ります。スカンクほど匂いが強くないチオールがわずかに添加されているので，天然ガスはいやな匂いがします（ガス漏れがすぐわかるためにです）。

しかし，硫黄には多くのよい用途があり，硫黄の化合物はゴムの加硫，紙の漂白，肥料にするリン酸塩の生産，保存料や洗剤などに使われています。硫酸カルシウムはセメントや石膏の欠かせない成分です。硫酸はさまざまな産業で，たとえば肥料用のリン酸塩生産などで非常に重要です。土壌中の硫酸塩はエコシステムに入り，いくつもの種類のアミノ酸や酵素に欠かせないものです。現在, 人体のなかには約150gの硫黄化合物があるとされています。

硫黄は救いの手

詳細は議論があるものの，一部の科学者は，硫黄が地球温暖化を緩和する役割を果たすだろうと信じています。化合物ジメチルスルフィドは間接的に海の中のプランクトンによってつくられ，その後酸化されて酸化硫黄になり，硫酸粒子が大気に放出され，雲の形成に役立ちます。つまり，より高い温度は生物活動を活発化し，自然にフィードバックメカニズムを導き，それに応じた冷却効果をもたらすというわけです。

塩素

17
Cl
35.45
Chlorine

分類：ハロゲン
原子番号：17
色：黄緑
融点：－102℃ （－151℉）
沸点：－34℃ （－29℉）
発見年：1774年

　塩素については，日常生活で使う塩（塩化ナトリウム）の形でよくご存知でしょう。食品から摂取する，私たちにとって欠かせない栄養の一つです。しかしながら，ほかの元素と同じように，塩素にもさまざまな姿があります。1915年ドイツ軍が塩素ガスをフランダース地方で化学兵器として使い，約5000人の死亡者と数多くの負傷者が出ました。

　自然界では純粋な形の塩素は見つかりません。1774年，スウェーデンの化学者カール・ヴィルヘルム・シェーレが塩酸と二酸化マンガンを熱し，初めて塩素の単離に成功しました。黄緑色のむかつくような悪臭のあるガスが発生し，このガスは水に溶けて酸溶液をつくることができました。シェーレは生成したガスが純粋であると確信しませんでしたが，1807年にハンフリー・デービーがさらに研究を進めて新たな元素の存在を発表しました（これは「黄緑色」を意味するギリシャ語から「chlorine」と命名されました）。

　塩素化合物の一つであるポリ塩化ビニル（PVC）は，窓枠から医療用血液バッグまであらゆるものに使われ，さまざまに利用で

きるプラスチックです。また製薬業では化学反応を引き起こすために塩素が幅広く使われています。おそらく，最も知られている塩素の役割は消毒効果，つまり殺菌性でしょう。多くの家庭用漂白剤に入っていますし，水道水やプールの水を安全にするためにも使われています。後者の用途は，19世紀半ばコレラ大流行後のロンドンで始まりました。疫学の創始者の一人とみなされる医師ジョン・スノウが，病毒で汚染されたソーホー地区の井戸が原因であることを発見し，井戸のポンプを塩素で消毒しようとしました。その後数十年間，このような塩素の使い方はあちこちで独自に行われましたが，20世紀初期にはヨーロッパやアメリカで飲料水の包括的な塩素化が始まりました。スノウはまた塩素化合物クロロホルムの研究を続け，クロロホルム麻酔を使ってヴィクトリア女王の無痛分娩を行いました。

　塩素製品の一部に対する私たちの見方は時を経て大きく変化しました。クロロホルムやドライクリーニング溶剤としての四塩化炭素は，かつて非常に一般的に使われていましたが，今日では肝臓への害が懸念されて規制対象になっています。一時期，フロン類のクロロフルオロカーボン（CFC）も，特にエアゾール噴霧剤に広く使われていましたが，これはオゾン層破壊につながりました。1980年代より世界的に使用量が大幅に削減され，このおかげで近年オゾン層の回復が進んでいます。

アルゴン

分類：貴ガス
原子番号：18
色：無色
融点：－189℃ （－308℉）
沸点：－186℃ （－302℉）
発見年：1894年

　最近，私たちは大気中の二酸化炭素増加をたいへん気にして，将来発生する環境問題を心配しています。けれども，毎日吸っている空気に実際二酸化炭素（0.4パーセント）よりアルゴン（1パーセント）が多く含まれていることは，あまり知られていません。

　人間が初めてアルゴンの存在に気づきだしたのは，1760年代にイギリスのヘンリー・キャベンディッシュが空気の構成について研究をしていたときでした。前出のとおり，キャベンディッシュは「フロギストン空気」と「脱フロギストン空気」を区別しました。そして，フロギストン空気から窒素の抽出を進めていたとき，空気の約1パーセントにあたる不活性気体が溶けずに残ることを不思議に思いました。

　これはほとんど忘れられたままになっていましたが，1894年にイギリスの（のちにレイリー卿として知られる）ジョン・ストラットとウィリアム・ラムゼーが，空気から抽出された窒素が，アンモニアから抽出された窒素より必ず0.5パーセント高密度（すなわち「重い」）ことを立証しました。そして，大気から酸素と窒素を取り除いた後に残る，より重い気体が別個の元素である

ことを発見し，化学的に不活性なことからギリシャ語で「怠惰」を意味する「argos」という言葉にちなんでアルゴンと名付けました。なぜ不活性なのかというと，アルゴンの最外殻にある電子のスペースが完全に埋まっていて，「貴ガス」の一つであり，ほかの元素と結合しにくく簡単に反応しないからです。

　アルゴンはさまざまな製造工程で非常に重要な成分です。たとえば鉄鋼生産では，酸素との混合ガスが溶鉄に吹きこまれて脱炭が行われます。この工程により，クロムなど，鋼の中の貴重な元素が大量に酸化するのを防ぐことができます。アルゴンは昔からの白熱電球にも使われています。反応しにくく，フィラメントが高熱で酸化するのを防ぐためです。それから，複層ガラスでは，2枚のガラスの間にアルゴンガスがよく入れられます。空気より重く，熱を伝えにくいため，家の断熱効果を上げるのです。さらに最近では，医療用青色アルゴンレーザーが，ガン組織破壊や目の角膜欠陥の治療に使われています。

　125年ほど前には知られてもいなかった物質ですが，アルゴンはたいへん役立つガスになりました。

カリウム

19
K
39.0983
Potassium

分類：アルカリ金属
原子番号：19
色：銀灰色
融点：63℃ （146℉）
沸点：759℃ （1398℉）
発見年：1807年

　日本ではドイツ語のカリウムという名がよく使われますが，英語名のポタシウムと呼ばれることもあります。さまざまな植物でつくる草木灰（potash）がよい肥料になることは，何世紀も前に発見されました。18世紀の生産記録にはこう書かれています。「草

木灰（Potas/ Pot-ashes）は毎年クールラント（現在のラトビアとリトアニアの一部），ロシア，ポーランドから膨大な量が貨物船で運ばれる。これは，モミ，松，オークなどの木材が専用の溝に大きく積まれ，灰になるまで燃やされてつくられる。」灰を鍋で煮詰め，表面の煮汁だけを大きな銅製鍋に注ぎ，再度煮詰めて塩をつくりました。17世紀の記録にも，同じ工程がカリという名のハーブ（ラテン語の学名Salsola Kaliで，英語ではsaltwort）で行われたとあります。

　どちらの方法でも炭酸カリウムと炭酸ナトリウムの混合物が生産されます（Potashという言葉はまた，塩化カリウムや硫酸カリウムや硝酸カリウムの意味にも使われます）。より多くナトリウム化合物を生産するカリを用いた方法は「アルカリ」の語源で，「アル」はアラビア語の定冠詞です。

　カリウムは最初に単離されたアルカリ金属なので，これは関連があることです。1807年にハンフリー・デービーは，水酸化カリウムを溶解させ電気分解することで，カリウムの単離に成功しました。水酸化カリウムから小さなカリウムの粒が現れ，大気に触れて燃えだすのを初めて見たとき，デービーは喜びを抑えることができませんでした。

　カリウムは水に浮かぶほど軽いのですが，これをあなたが試すと，あまりにも反応性が高いため，即座に爆発させてしまうでしょう。実際，氷に穴を開けることすらあります。今日でも，カリウムの主な産業用途は肥料です。植物細胞がカリウムを必要とする（そして，その植物が私たちの食生活に欠かせない）からです。カリウムはまた，ガラス，液体石けん，医薬品，点滴用生理食塩水などの製造にも使われています。

元素記号

スウェーデンの優秀な化学者イェンス・ベルセリウスは，oxygen（酸素）を頭文字のOで略す，現在使われている化学表記の方法を提唱しました。唯一違うのは，ベルセリウスが原子数に下付き文字（H_2O）でなく上付き文字（H^2O）を使ったことです。元素のなかには略が名前と関係なさそうなものもあります。これはたいてい，さまざまなヨーロッパの化学者たちの意見が歴史的に一致しなかったことが原因です。たとえば，英語のsodiumの元素記号はNaで関係なさそうに見えますが，これはドイツ語のナトリウムから決められたものです。デービーはpotash（草木灰）にちなんでポタシウムと名付けましたが，ベルセリウスは植物のカリにちなんだカリウムという名のほうを好み，元素記号をKにしました。

カルシウム

分類：アルカリ土類金属
原子番号：20
色：銀灰色
融点：842℃ （1548℉）
沸点：1484℃ （2703℉）
発見年：1808年

　長年，牛乳の宣伝は，骨や歯を健康に保つためにカルシウムがいかに重要なのかを教えてくれました。また私たちは，チーズ，ほうれん草，アーモンド，魚，種，ヨーグルトなどの食品からカルシウムを摂取します。ですから，カルシウムと聞いて，ぱっと金属を思い浮かべるわけではないでしょう。

　実のところ，カルシウムは地殻内含有量が5番目に多い金属なのですが，天然の形で見ることはありません。カルシウムは空気と即座に反応し，さまざまな化合物を形成するからです。たとえば，石灰岩（炭酸カルシウム），蛍石（フッ化カルシウム），それから人工の合成化合物である化学石膏（硫酸カルシウム），生石灰（酸化カルシウム）。チョークは石灰岩の一種です。また，鍾乳洞の鍾乳石や石筍は，炭酸水素カルシウムが溶けている水が洞窟の天井からしたたり落ち，次第に沈殿物が石灰岩を形成し直したものです。飲料水が「硬い」という場合，それは飲料水のミネラルの含有量が高いことを意味します。このミネラルは主に石灰岩やほかの鉱物の上を流れたときに溶けたカルシウム化合物です。硬水のカルシウム沈殿物は，やかんに付着したり洗濯機をつ

まらせたりしますが，比較的害はありません（そして，軟水より
もおいしいビールの原料になります）。

　石膏や石灰は古代から使われてきました。石灰はモルタルやセ
メントの重要成分で，古代ローマや，さらに古くは古代エジプト
でギザのピラミッド建設にも使われました。石膏は何世紀も前か
ら，今日と同様に骨の固定に使われてきました。

骨の成分

　私たちの体内では，カルシウムが絶えず骨の再生を促進
しています。休みないプロセスですが，妊娠や加齢によっ
てスピードが落ち，カルシウムの欠如は骨が脱灰する骨粗
鬆症の原因の一つになります。カルシウムはまた，出血時
に血を凝固させる過程に不可欠です。

スカンジウム

分類：遷移金属
原子番号：21
色：銀白色
融点：1541℃ （2806℉）
沸点：2836℃ （5136℉）
発見年：1879年

　メンデレーエフは，周期表にはっきりと四つの空欄を残し，そこに入る元素がいずれ発見されるだろうと予想しました。そして，未発見の元素には，近くに位置するすでに発見されている物質に基づいて名前をつけました。メンデレーエフの元の表では，ホウ素が３族の一番上にあったので，その下の原子数21の欄に入るはずの元素を「エカホウ素」としました（この名で，メンデレーエフは「ホウ素から一つ離れた場所」を意味しました）。ホウ素はその後，13族の一番上に変更されましたが，メンデレーエフの周期表の最初の出版から10年後にスカンジウムが発見され，当時３族の一番上であった「エカホウ素」の欄を埋めました。おかげでメンデレーエフの評判は確固としたものになり，その業績に世界中が注目しました（すでに1875年にガリウムが発見されて最初に空欄を一つ埋めていました。80ページ参照）。

　1879年にスウェーデンの化学者ラース・フレデリク・ニルソンは，ユークセナイトという鉱物から少量の酸化スカンジウムの抽出に成功しました。その後，1937年にやっと，より量の多い（ほぼ）純粋な金属が鉱石から抽出されました。この元素名は，発見

された場所であるスカンジナビアにちなんでいます。非常に希少で，今でも年間わずか10tほどしか産出されていません。そのため，金よりずっと価値がありますが，貴金属としてではなく主に産業目的で採掘されています。スカンジウムは軽い元素で，優れた合金，とりわけアルミニウムとの合金がつくられ，軽量運動用具や航空機に使われます。ヨウ化スカンジウムの形で投光照明にも使われています。

　スカンジウムは地球では希少ですが，宇宙の別の場所にはより多くあり，太陽でも月でも地球より高い割合で存在しています。

チタン

分類：遷移金属
原子番号：22
色：銀色
融点：1668℃ （3034℉）
沸点：3287℃ （5949℉）
発見年：1791年

　数多くの製品は真っ白のもののほうがよく売れます。たとえば，歯みがき粉，菓子，塗料，薬。白くするとてもよい方法の一つは，チタニアとも呼ばれる酸化チタン（チタン白，チタニウムホワイトとも呼ばれます）という自然に酸化したチタンを使う方法です。

　酸化チタンはまた，21世紀の最も役立つ発明品の一つとして

活躍しています。たとえば，自動車のサイドミラー用セルフクリーニングガラスのコーティングに使われ，水がガラスを曇らせずに広がるだけでなく，汚れもほとんど取り除きます。最初に普及したこの種のガラスは，2001年イギリスのピルキントン社が発売した「ピルキントン・アクティブ」です。

チタンはかなりありふれたもので，地球では9番目にたくさんある元素です。けれども，簡単には抽出できません。窒素と反応するため，あまり多くの方法が使えないのです。現在標準的な方法はクロール法と呼ばれます。二酸化チタンを約1000℃に熱し，塩素ガスを通して別の化合物をつくります。それから，アルゴンガスの中，850℃でマグネシウムとの反応により純粋金属を抽出します。このため，チタンは経済的に実行可能ですが，鉄などの豊富にある金属よりも高価になっています。

チタンは非常に役立ち，鋼と同じくらい強いのに，重量は鋼の半分より軽く，水中で腐食しにくく，金属疲労が起きません。アルミニウムのように，酸素と反応しても，その結果できるのはチタン金属そのものを守る薄い酸化被膜です。このため，乗り物，運動用具，船舶用にさまざまな用途があります。また，骨とよく結合するので，人工股関節や歯科インプラントに理想的な材質です。

チタンの酸化物は，1791年にイギリス・コーンウォールの牧師ウィリアム・グレゴールによって発見されました。グレゴールはその黒い砂を教区メナカンにちなんでメナカナイトと命名しました。そのわずか数年後，ドイツの化学者マルティン・ハインリヒ・クラプロートが，メナカナイトに，ルチル（金紅石）と同じ新しい元素が含まれていることに気づきましたが，高純度チタンの分離は，1910年にアメリカのゼネラル・エレクトリック社の化学者たちが基本的な方法を見つけたときまで実現しませんでした。

バナジウム

23	
V	
50.9415	
Vanadium	

分類：遷移金属
原子番号：23
色：灰色がかかった銀色
融点：1910℃ （3470℉）
沸点：3407℃ （6165℉）
発見年：1801年

　バナジウムもよく合金に使われる金属です。年間生産量の約80パーセントが鋼の添加に使われ，鋼に1パーセント以下のバナジウムと微量のクロムが添加されると衝撃や振動への耐久性が上がります。バナジウムの合金は，中性子吸収能力が低いため原子炉にも使われます。そして，ガラスやセラミックスの顔料，超電導電磁石の製造にも使用されます。

　バナジウムは1801年にメキシコの教授アンドレス・マヌエル・デル・リオが褐鉛鉱（バナジン鉛鉱）という茶色の鉛から発見しました。より精密な分析のためにフランスの化学者に送ったところ，クロムであると誤って鑑定されてしまいました（両方とも，さまざまな色がある金属塩で似ています）。そして1831年，スウェーデンの化学者ニルス・ガブリエル・セフストレームが，スウェーデン南部で採掘された鉱石からつくられた鋳鉄に含まれているバナジウムを再発見しました。鉄職人たちは，ここの鉄の硬さになぜ多くのばらつきがあるのか不思議に思っていましたが，バナジウムのせいだったのです。

　長年，バナジウムを単離するさまざまな試みがなされ，成功し

たという主張もいくつかありましたが，ついに1869年，イギリスのマンチェスターでヘンリー・エンフィールド・ロスコー卿が初めて金属バナジウムを生成し，それ以前の抽出物がすべて窒化バナジウム化合物であったことを明らかにしました。純度の高いバナジウムは，一般的に高圧環境下で酸化バナジウムをカルシウムで還元することにより生成されます。

　バナジウムは私たちにとって大切な栄養の一つですが，ほんのわずかの量のみ必要で，キノコ，貝，エビ，カニ，ほうれん草，全粒穀物，黒コショウ，ディルシード，パセリなどの食品に多く含まれています。バナジウムの適量摂取は，インスリン感受性を改善し，糖尿病に効力があります。

クロム

24
Cr
51.9961
Chronium

分類：遷移金属
原子番号：24
色：青みがかかった銀白色
融点：1907℃ （3465℉）
沸点：2671℃ （4480℉）
発見年：1798年

　シベリアの紅鉛鉱（クロコアイト）は，18世紀に発見されたオレンジがかった赤色の鉱物です。1798年にフランスの化学者ルイ＝ニコラ・ヴォークランが，紅鉛鉱に未知の元素が含まれてい

ることを発見し，化合物の美しいさまざまな色からクロミウムと命名しました（ギリシャ語の「色」を意味する言葉「chroma」から）。現在もクロムは英語では「chromium」です。

　ヴォークランは発見したものに装飾品以上の用途があるとは思わず，ある程度それは正しい判断でした。生産されたクロムは，ほんのわずかしかそのままの形で使われません。クロムメッキは鋼を光沢ある表面に仕上げ（たとえばクラシックカーや自転車向けなど），また家庭用プラスチック接合部品にも使われます。クロムは合金や化合物の形で使われることのほうが多く，鋼とクロムの合金はステンレス鋼で，非合金鋼のように錆びることなく，薄い酸化被膜を形成します。

　クロム化合物は塗料顔料として驚くほどさまざまな色や濃淡を生み出します。たくさんの種類の酸化クロム，クロム酸鉛，クロム酸ナトリウム，塩化クロム，無水の塩化クロムは，深紅，オレンジがかった赤，明るい黄色，水色，濃淡両方の緑等の色合いをつくります。黄鉛（クロームイエロー）はとりわけ何世代ものアメリカの子どもたちによく知られていて，薄暗いときでもすぐ目立つよう長年スクールバスに使われていました（その後，このそれまで一般的だった塗料は，鉛などの有害物質が含まれているため，ほかのものに替えられました）。

　クロムはまた，宝石類の色彩でとても美しい役割を果たしています。コランダムやベリルは，そのままでは無色の酸化物ですが，ほんのわずかのクロムが混ざると，ルビーやエメラルドになります。金緑石（クリソベリル）の変身はさらに見事で，これは無色のベリリウムのアルミン酸塩なのですが，微量のクロムが含まれると，色がさまざまに変わるアレキサンドライトという宝石になります（方向によって吸収される光の波長が異なるためです）。

良質のアレキサンドライトは，オレンジがかった赤から黄色，そして緑色へと位置や光の状態によって変色します。

マンガン

25
Mn
54.938044
Manganese

分類：遷移金属
原子番号：25
色：銀色
融点：1246℃ （2275 ℉）
沸点：2061℃ （3742 ℉）
発見年：1774年

　有名なフランスのラスコー洞窟の壁画は，人類がマンガン化合物を使ったという最古の証拠の一つです。黒い鉱物である二酸化マンガン（軟マンガン鉱／パイロルーサイト）が良質の黒い絵の具の材料となりました。また，別の化合物，酸化マンガンは，古代エジプトでガラス中の緑色を消すのに使われました（「ガラスの石けん」という意味の「sapo vitri」と呼ばれていました）。

　純粋な形のマンガンは，もろく硬い銀色の金属です。その約1パーセントはベッセマー法という製鋼法に使われます。炉の中で酸化鉄を酸化マンガンに転換させるのです。後者のほうがずっと高い融点です。マンガンの割合を約13パーセントに増やすと，高マンガン鉱ができます。非常に頑丈で，線路，金庫，刑務所の鉄格子などに使われます。耐食性を強めるためにアルミニウムと

の合金もつくられ，飲み物の缶に使われます。

　18世紀初期，マンガンには鉄が含まれていると思われていましたが，これは正しくないことをベルリンのガラス技術者が証明し，その後，さまざまな化学者がマンガンの単離を試みました。そして，ついに1774年にヨハン・ゴットリーブ・ガーンがスウェーデンで成功したのです（実のところガーンは，3年前にウィーンの学生に先を越されていたのですが，この学生は発見に成功したものの発表には失敗したのでしょう）。

　マンガンというのは間違えやすい名前です。マグネシウムもマンガンも北ギリシャのマグネシア地方（天然磁石である磁鉄鉱が発見された場所）にちなんだ名です。一時，マグネシウムは「白いマグネシア」，マンガンは「黒いマグネシア」と呼ばれ，ガーンの成功までこの二つの紛らわしさは続いていました。

　マンガンは，鉄に続いて二番目に豊かにある遷移金属で，何百もの鉱物の中に現れます。光合成や酵素の構成においても重要な役割をもち，私たちは食品から少量のマンガンを摂取します。主にナッツ，全粒粉シリアル，パセリ，そして——イギリス人にとっては最も重要なお茶などからです。

鉄

26
Fe
55.845
Iron

分類：遷移金属
原子番号：26
色：銀灰色
融点：1538℃ （2800℉）
沸点：2861℃ （5182℉）
発見年：古代文明

　鉄は，人類の歴史上最も重要な金属の一つで，地球上に（質量比でみた場合）最もたくさんある元素です。その理由の一つは，

鉄が地球の核の大きな構成成分だからです。地球が形成される過程で、塵やガスのうずまきは徐々に原始惑星系円盤から惑星に圧縮されました。最も重い元素は自然と中心に集まり、鉄は固体である内核と液体である外核を形成したのです。鉄の核により地球には磁場があり、南極と北極という磁極があるのです。磁場は宇宙にも及び、有害になりえる太陽風や放射線を防いでいます。

人類の鉄を使った物作りは古代エジプトにさかのぼることができますが、紀元前1500年頃に鉄の精錬方法を発明してはるかに加工しやすくしたのはアジアのヒッタイト文明（現在のトルコ）でした。ヒッタイト人はこの発明を何世紀も秘密にしていましたが、紀元前1200年に帝国が侵略され、製鉄職人があちこちに散らばったせいで製鉄技術が広まり、「鉄器時代」のきっかけになったといわれています。

鉄は鋳物や錬鉄、また実にさまざまな形に機械加工することができます。人間は、歴史上さまざまな時点で、炭素やほかの金属とともに精錬して、より強く壊れにくい形の鉄をつくりだしてきました。伝説的金属であるダマスカス鋼は、驚くべき硬さで粉砕しにくく、この素材でつくった刃物は非常に鋭かったのですが、これはおそらく使われた鉱石にバナジウムが含まれていたからでしょう（鉱石はインド亜半島で産出されました）。そして、17世紀に発明されたさらに効率的な生産方法は、新技術の大きな台頭を生んだ産業革命を促進する原動力の一つになり、1856年のベッセマー法（大量生産向け製鋼法）の発明後、さらに発展していきました。以降、橋、船、高層ビル、自動車、工具などからゼムクリップまで、鉄はありとあらゆるものに使われています。

鉄の大きな欠点は、酸素に触れると簡単に錆びることです。この問題はさまざまな方法で防ぐことができます。たとえば、鉄（や

鋼）に錫メッキや亜鉛メッキのコーティングを行う方法や，ニッケルとの合金にして腐食しにくくする方法があります。

　鉄はまた，生命にとってかけがえのない元素の一つで，私たちの体内にさまざまな形で存在しています。よく知られているのは血液中の酸素を運ぶヘモグロビンでしょう。食生活での鉄分不足は，赤血球産生低下と貧血につながり，疲労や息切れを起こします。鉄分を豊富に含む食品は，赤身の肉，レバー，一部のドライフルーツ，パン，卵などです。

　鉄より重い元素はすべて，金や銀も含めて，星ではなく超新星においてのみ，もともと生成されました。星は単にそこまで重い元素をつくれるほど高温ではないからです。

コバルト

| 27 |
| Co |
| 58.933194 |
| Cobalt |

分類：遷移金属
原子番号：27
色：銀白色
融点：1495℃　（2723℉）
沸点：2927℃　（5301℉）
発見年：1735年

　コバルトは4000 ～ 5000年もの間，その色が人間に使われてきました。古代エジプト人はコバルトブルーの塗料やネックレスの生産に使い，ツタンカーメン（紀元前1361 ～ 1352年頃のファ

ラオ）の墓からはコバルト鉱石で色付けされた濃い青色のガラス製品が発見されました。陶器の釉薬にも使われました。塩化コバルトは青や緑色を成し，水和物は深紅になります。より奇抜な用途は，不可視インクや隠顕インクと呼ばれる見えないインクで，塩化コバルトをグリセリンとともに水に溶かしてつくります。この水溶液は，紙を熱すると書いたものが現れるインクになります。

コバルトは天然の単体として現れるものではなく，鉱石の中にのみ，多くは銅やニッケルなどのほかの遷移金属といっしょに存在しています。主に銅採掘の副産物として生産されます。また，海底に分散する奇妙なマンガン団塊の中にも含まれています（71ページ参照）。生物学的に大きく重要で，私たちの体に必要なビタミンB12の構成成分です（私たちは通常これを動物性食品や栄養強化されたシリアルから摂取します）。

20世紀，コバルトの重要で新しい用途がいくつも発明されました。コバルトは，著しく高温の融点をもつ，強度が高い硬く強磁性のある金属です。鉄，ニッケルとともに，磁性をもつ遷移金属三種の一つです。この特徴から，ドリルやノコギリ用などの耐摩耗性が必要な合金に使われます。高温でも磁性を保つので，高速度電動機用の合金にもよく使われます。

ニッケル

28 Ni 58.6934 Nickel	

分類：遷移金属
原子番号：28
色：銀白色
融点：1455℃ （2651℉）
沸点：2912℃ （5274℉）
発見年：1751年

　ニッケルは，地球の核の構成成分として鉄の次に重要で，隕石
の成分として地球に届き続けています。大規模なニッケル鉱床と

しては，カナダ・オンタリオ州のサドベリー鉱山が有名で，ここは昔隕石が落ちた場所です。

　ニッケル化合物は私たちの食生活で小さな役割を果たしています。水素添加植物油に少量使われ，豆料理には驚くほど豊富に含まれています。しかし，主な用途は合金です。アメリカの5セント硬貨は「ニッケル」と呼ばれ，実際その金属の25パーセントがニッケルで75パーセントが銅です（ニッケルは多くのほかの硬貨にも使われています）。トースターや電気オーブンにはニクロムという，主にニッケルとクロムが成分の合金が使われ，これは赤熱しても劣化しません。また，ニッケルと鋼とクロムとの合金はステンレス鋼です。銅との合金は海水淡水化施設に使われています。そして，アルミニウムとニッケルに少量のホウ素が添加されてつくられる超合金は，非常に軽いのに高温度でも弱くなるどころかより強くなるため，ロケットのタービンや航空機に使われます。

　ニッケルは，ドイツの鉱夫たちが見つけた鉱石の呼び名「kupfernickel（悪魔の銅）」にちなんだ名前です。1751年にスウェーデンの化学者アクセル・フレドリック・クルーンステットがニッケルの単離に成功しました。けれども，これが単なる合金でなく本当に新しい元素であると科学界に認められるまでには，それから数年かかりました。

銅

```
29
Cu
63.546
Copper
```

分類：遷移金属
原子番号：29
色：赤橙色
融点：1085℃ （1985 ℉）
沸点：2562℃ （4644 ℉）
発見年：古代文明

　銅は天然に金属の状態で見つけられ，自然銅と呼ばれます。このため，大昔人間が最初に使った金属の一つになりました。約1万年前にはすでに使われだしていて（当時イランで使われた銅製装飾品が発掘されました），7000年前には硫化鉱から精錬され，6000年前にはさまざまな形に鋳造されていたことがわかっています。大事なことに，銅は故意にほかの金属と合金がつくられた最初の金属でもあります。錫と合わせて青銅がつくられたのです。この発見は，石器から金属製の道具に移り変わる転換点となり，紀元前3500年頃から青銅器時代が始まりました。銀や金とともに，銅はよく硬貨の材質になりますが，たいてい銅貨は金銀よりも低い価値の貨幣です。

　元素記号のCu, 銅が古代ローマ時代「aes cyprius」，つまり「キプロスの金属」と呼ばれていたことに由来していて，キプロスは当時最大の銅製産地でした。やがてラテン語で「cuprum」となり，英語では「copper」といわれるようになりました。

　銅は著しく赤みのある色で，とても頑丈な金属です。考古学者がギザの大ピラミッドを発掘したときに発見した銅製の給水管

は，まだ使える状態のままでした。銅は，熱や電気をよく通すので配線にも使われ，また比較的容易に伸ばすことができるため建築物（特に配管や屋根）や装飾美術品にも使われます。銅像やほかの銅製美術品は，銅が酸化すると緑青に覆われます。特に銅塩など，銅の化合物も鉱物を緑や青の色にし，藍銅鉱やトルコ石がその例です。歴史的には，こうした色の顔料の材料として使われてきました。

人体には少量の銅が必要です。けれども，もっと興味深いことに，ほとんどの魚や哺乳類が鉄錯体を含むヘモグロビンのようなものをもっているのに対して，節足動物や軟体動物は同じ目的に銅を必要とします。このような動物の血液にあるのは，ヘモグロビンでなく，銅錯体を含むヘモシアニンです。

亜 鉛

分類：ポスト遷移金属
原子番号：30
色：青みを帯びた銀白色
融点：420℃　（788℉）
沸点：907℃　（1665℉）
発見年：1746年

ある元素がいつ「発見」されたのか特定することは往々にして微妙です。化学者によって単離された日付が最善のときもあれば，

ほかの元素の場合は，最初に見つかったときや，最初に認識されたときのほうが適切であるかもしれません。古代ローマ人が亜鉛を使ったことは判明していますが，12 ～ 16世紀まで亜鉛はインドで精錬されていたという考古学的証拠があります。歴史学者たちは通常，ドイツの化学者アンドレアス・マルクグラーフが1746年に亜鉛を新しい元素として認識したとしていますが，その前の17世紀にフランダースの冶金学者が酸化亜鉛から亜鉛を抽出したと記録していました。

　亜鉛の最も一般的な用途は，イタリアのルイージ・ガルヴァーニが発明した，鉄鋼の錆びを防ぐための亜鉛メッキです（ガルヴァーニは電流を使ってカエルの脚を痙攣させたことでも知られています）。通常の方法は溶融亜鉛メッキで，鉄つまり鋼を亜鉛メッキ液に短時間浸します。これにより金属は薄い膜に覆われて腐食から守られます。

　亜鉛と銅の合金である黄銅（真鍮とも呼ばれます）は，ドアノブ，ファスナー，そしてオーケストラの金管楽器など，さまざまなものに使われています。亜鉛化合物の硫化亜鉛は塗料や蛍光灯をつくるために使われ，酸化亜鉛もさまざまな製品の材質になり，カラミンローションの主成分として知られています。

パリの屋根

　19世紀，セーヌ県知事のジョルジュ・オスマンはパリ改造を行ったときに，主に亜鉛80パーセントの合金を屋根に使いました。美しい銀白色の屋根はパリの特徴的な景色となり，多くの芸術家や映画製作者を魅了してきました。最近では，この亜鉛の屋根の光景が重要な文化財と認められ，ユネスコ世界遺産に選ばれそうになっています。亜鉛の上を流れる雨水は金属を流出することがないため，環境にやさしい利点です（同じ目的に鉛やほかの重金属を使うとそうはいきません）。

ガリウム

| 31 |
| Ga |
| 69.723 |
| Gallium |

分類：貧金属
原子番号：31
色：銀白色
融点：30℃　（86℉）
沸点：2229℃　（4044℉）
発見年：1875年

　ガリウムは，メンデレーエフが「予言した元素」の中で最初に発見された元素です。メンデレーエフはアルミニウムの下の空欄

に入る元素があるはずだと予言して，それを「エカアルミニウム」と呼びました。そして，その5年後にこの空欄は埋まりました。フランスの化学者ポール・エミール・ルコック・ド・ボアボードランは，当時メンデレーエフの予言を知りませんでしたが，分光学の手法で閃亜鉛鉱を分析し，そのスペクトルに特徴的な2本の紫色の光線があるのに気づきました。そして，この元素を単離してガリウムと名付けました（フランスのラテン語名「ガリア」にちなんだのですが，自分の名前の「ルコック」がフランス語で「雄鶏」と同音異義であることから，ラテン語で「雄鶏」を意味する「gallus」にちなんだ可能性もあります）。ガリウムは，ボーキサイトなどほかのさまざまな鉱物からも見つかりますが，一般的にはいろいろな金属生産の副産物として生産されています（たとえば，ボーキサイトからアルミニウムが精錬される際の副産物）。

　融点がとても低いので，手の中でガリウム固体のかけらを溶かすこともできます。一部の科学者はこれを利用して，いたずらに使えるガリウム製スプーンをつくります（紅茶やコーヒーをかき混ぜようとすると，このスプーンは溶けてしまいます）。ガリウムは温度計にも使われ，毒性のある水銀よりも好まれています。また，ヒ化ガリウムの形では，半導体の性質が大きく利用され，チップに使われている従来のシリコン半導体よりも高速度の機能があります。ほとんどの金属との合金が可能で，できあがる合金に低温の融点が必要なときにとても便利です。医療用途もいくつかあり，ガリウム–67というアイソトープを含んだ薬を用いた核医学検査は，ガンの部位や進行具合を調べますし，新世代の抗マラリア薬向けのガリウム化合物の使用も現在研究が進んでいます。

ゲルマニウム

32
Ge
72.630
Germanium

分類：半金属
原子番号：32
色：金属光沢のある灰色
融点：938℃ （1720℉）
沸点：2883℃ （5131℉）
発見年：1886年

　1885年，ドイツのフライベルク近くの銀山で珍しい鉱石（現在はアルジロダイトと呼ばれています）が発見されました。鉱物学者が分析し，75パーセントの銀，18パーセントの硫黄が含まれていることがわかり，残りの7パーセントは不明で，これがいくつかの点で金属的である新しい元素に違いないと気づきました。これもまたメンデレーエフが存在するに違いないと推測した元素の一つで，未発見のまま「エカケイ素」と名付けたものだったのです。メンデレーエフの予言はこの元素に関してとりわけ正確で，原子量はほぼぴったり（推測は72で，実際の値は72.6）ですし，密度も非常に近い推測で，高温の融点や灰色であることも正しく予測していました。

　もともとゲルマニウム金属にははっきりした用途がなく，地殻中2/100万以下程度しか存在しませんので，たいへん少量しか生産されませんでした。しかし，第二次世界大戦中にアメリカの研究者が，ゲルマニウムを半導体として使えることを発見しました。これが明確に金属らしい用途ではないことも，金属ではなく「半金属」と呼ばれる理由の一つでしょう（半金属は，同じ元素

の同素体であっても金属性であったり非金属性であったり異なる性質をもつ傾向があり，非常に議論の余地があるグループです。大まかには，周期表を左上のホウ素から右下のポロニウムまでつなぐ斜めのライン上のグループです*）。ゲルマニウムはのちにケイ素やほかの物質に取り代わられてしまいましたが，今はソーラーパネルで再び半導体として使われています。また，高い屈折率（媒質中の光の伝わり方を定める数字）が光の損失を防ぐため，光ケーブルにも使われています。

*ホウ素，ケイ素，ゲルマニウム，ヒ素，アンチモン，テルルが一般的には半金属とみなされています。炭素，アルミニウム，セレン，ポロニウム，アスタチンが含まれることもあります。

奇跡の治癒？

　ゲルマニウム化合物は，健康にかかわる効能についてかなり強引な主張を引き起こしてきました。たとえば，ルルドの泉（少女の前に聖母マリアが現れたといわれる場所）の水はゲルマニウム含有量が高く，それゆえ何千人もが「治癒」したのに違いないといわれます。また，ゲルマニウムは，エイズやガン，その他の病気を治すと宣伝されてきました。けれども，そのようなことの科学的証拠はなく，私たちが食べるものの中に少量あるとはいえ（たとえばニンニクの中に），ゲルマニウムの摂りすぎは神経系や腎臓に害を及ぼします。

ヒ 素

33
As
74.921595
Arsenic

分類：半金属
原子番号：33
色：灰色
融点：なし
昇華点：616℃ （1141℉）
発見年：古代文明

　ヒ素の化合物は殺虫剤，顔料，木材防腐剤，家畜用飼料の添加剤，梅毒やガンや乾癬の治療薬，花火の材料，そして（ガリウムとの化合物は）半導体として使われてきました。けれども，ヒ素の名は，歴史上常に毒を意味してきたといえるでしょう。

　1836年には頭髪の標本分析からヒ素の存在を確認できるようになりましたが，それより前の何世紀もの間，犠牲者の体を分析してヒ素中毒を確認することはほぼ不可能でした。一度に大量のヒ素が摂取された場合も，少しずつ長い期間摂取された場合もです。裕福な親族の命を奪うためによく使われたので，「inheritance powder（相続薬）」とも呼ばれました。イタリアの貴族ボルジア家は残酷にもヒ素を使って巨大な富を得たといわれ（諸説ありますが），ローマ教皇アレクサンデル6世，その息子のチェーザレや娘のルクレツィアは，多くの裕福な司教や枢機卿を暗殺しました（そして，彼らの財産を教皇が相続したのです）。

　ヒ素は，古代エジプト人には硫黄化合物の黄色い結晶の形で知られ，雄黄（オーピメント）と呼ばれていました。中国人は少なくとも500年前に農薬として使っていましたし，パラケルスス

（錬金術師であり，毒性学の父とも呼ばれます）は金属ヒ素の調合について書き残しました。花緑青はヒ素を含む顔料で，歴史的には塗料として使われ，パリスグリーン，シェーレグリーンとも呼ばれます。ナポレオン・ボナパルトはセントヘレナ島に流されて最期を迎えましたが，このとき住んでいた家の壁紙がこの色でした。湿ったりカビが生えたりするとヒ素ガスが放出され，このせいでナポレオンが死んだのではないかとも疑われています（確証できる証拠はありませんが）。

　ヒ素は，そのほとんどが銅や鉛の精錬の副産物として生産され，さまざまな形になります。灰色の（あるいは金属光沢をもつ）ヒ素は，もろい半金属の固体で，ときに純粋な形で見つかりますが，一般的には酸化して亜ヒ酸を形成します（この過程で，ニンニクのような強い悪臭を放出します。検査が発明される前，この悪臭は人がヒ素中毒で死んだことを示す手がかりになりました）。

錬金術の魔法

　錬金術師たちは往々にして，黄金をつくる夢にとりつかれた異常な魔術師のように描かれます。けれども実際は，単に当時の化学者で，この世界が何でできているのか理解しようと苦労していたのです。錬金術師がどれだけ多くの金属や金属性物質を見事な工程で生み出したのかを知ると，その考えの源を理解しやすくなるでしょう。13世紀の博学者アルベルトゥス・マグヌスの著作には，（白い岩か砂の粉に似ている）白ヒ素をオリーブオイルと混ぜて熱すると，灰色で金属の形のヒ素を生産できるとあります。まるで魔法のようではありませんか。

セレン

34
Se
78.971
Selenium

分類：非金属
原子番号：34
色：金属光沢のある灰色
融点：221℃ （430℉）
沸点：685℃ （1265℉）
発見年：1817年

　人間の食生活に欠かせないものでありながら，摂りすぎると毒になる元素はたくさんあります。セレンもその一つで，体内にある一部の酵素を生産するのに重要です（私たちは，ナッツやマグロなど，さまざまな食品から摂取します）。最近の臨床検査によると，セレンの摂取が減少（臓物のようなセレンが豊富に含まれている食品の人気がすたれたため）すると，男性の場合は精子数の減少につながり，研究対象としてセレンのサプリを摂取させた協力者たちにはそうでない協力者たちよりもかなり多い精子数が認められました。しかしながら，セレンを摂りすぎると，口臭や脱毛，爪の脆弱化，疲労，精神障害，さらに肝硬変を起こしたりすることまであります。けれども，（二硫化セレンの形で）フケ症の原因となるカビや菌に対する抗菌性があり，安全な量がフケ取りシャンプーに使われます。

　セレンは，1817年にスウェーデンの化学者イェンス・ヤコブ・ベルセリウスに発見されました。ベルセリウスは，硫酸製造設備に堆積した赤色の粉の構成を分析しました。最初はテルル（120ページ参照）だと誤って認識しましたが，新しい元素を含んでい

るに違いないと気づき，月の女神セレネからセレンと命名しました（ベルセリウスは，セレンが口臭を起こすことを，身をもって経験して発見しました）。セレンは，銀色の金属的な物質の形をとることもできるので，半金属とする化学者たちもいます。

　現代，セレンの主要用途は，ガラスの添加剤です。添加方法により，緑色の除去をしたり，赤銅色の着色料になったりします。化合物の形では，光電池や太陽電池やコピー機にも使われ，（黄銅に加えられて）パイプの材質となり，合成ゴムをより頑丈にするためにも用いられます。

ご自宅でやらないように

　英語では，「危険だから真似をしないでください」という警告に「Don't try this at home（ご自宅でやらないように）」という表現が使われ，これは化学実験を見せる場合にもよくいわれます。けれども，イェンス・ベルセリウスはこれを無視したがりました。ベルセリウスの画期的な実験の多くは，ストックホルムのリダガタン通りとニブロガタン通りの角にある自宅アパートの台所で行われました。

臭　素

<table>
<tr><td>35
Br
79.904
Bromine</td><td>**分類**：ハロゲン
原子番号：35
色：赤褐色
融点：−7℃　（19℉）
沸点：59℃　（138℉）
発見年：1826年</td></tr>
</table>

　臭素は，常温・常圧で液体である数少ない元素の一つです。赤褐色で，親油性があり，有毒で悪臭があります（臭素は英語では「Bromine」。ギリシャ語で「悪臭」を意味する「bromos」が語源）。1826年にフランスの化学者アントワーヌ・ジェローム・バラールが臭素を発見しました。バラールは海水を使い，液体をほとんど蒸発させてから塩素ガスを通しました。この結果蒸発したものが臭素で，橙赤色の液体として集めることができ，バラールはこれが未発見の元素であろうと正しく判断しました。この現象は塩水，とりわけ死海の塩水などが，臭素（負電荷を帯びた臭素イオン）を含んでいるために起こります。

　数十年前，臭素は今よりも幅広く使われていました。写真には臭化銀の感光性が使われ，臭化カリウムは抗不安薬に使われました。有鉛ガソリンにはジブロモメタン（臭化メチレン）が含まれ，ブロモメタン（別名：臭化メチル）は土壌の燻蒸消毒に使われました。これらのなかには，よりよい代替品が発明されたためにすたれたものもあれば，使用禁止になったものもあり，フロン類のクロロフルオロカーボン（CFC）を禁止するモントリオール議定

書は，こうした類縁化合物の多くについても使用削減を呼びかけています。臭素原子はオゾン破壊の原因となるからです。けれども，ブロモメタンの一部の用途では代替品を見つけることが難しく，今でも多くの場所で仕方なく土壌の害虫駆除や，木材の燻蒸処理に使われています。臭素化合物はまた，ノートパソコン外装用などの難燃性プラスチック，消火器の消火薬剤にも使われます。

紫色の衣を着る

　貝紫色は，シリアツブリガイと呼ばれる巻貝の分泌液からつくられた染料の色で，かつて富と権力のシンボルでした。色が落ちにくく鮮明ですが，ほんの少量を生産するにも何千個もの貝が必要とされ，非常に高価でした。ローマ皇帝たちが着用した立派な紫色のトーガには，この染料が使われ，そこから英語では「権力を握る」ことを意味する「donning the purple（紫色の衣を着る）」という慣用句があります。

クリプトン

分類：貴ガス
原子番号：36
色：無色
融点：－157℃ （－251℉）
沸点：－153℃ （－244℉）
発見年：1898年

　ウィリアム・ラムゼーとモーリス・トラバースは1898年にネオンを発見する前，同じ年にすでに貴ガスに属する4番目の元素クリプトンを発見していました。このとき二人はアルゴンを液体化して蒸発させ，より重い成分が残るかどうか実験しました。15リットルのアルゴンから25 cm^{3}のガスを生成することに成功し，これを分光計で検査すると，明らかに新しい元素でした。そして，アルゴンに隠れていたこの元素を，ギリシャ語の「隠れる（kryptos）」からクリプトンと命名しました。

　クリプトンは無色無臭のガスで，（フッ素ガス以外）ほかのどの元素とも反応しにくい性質です。地球の大気中には（体積で）わずか1/100万の成分としてしか存在しません。省エネタイプの蛍光灯や，ネオンではできない色を出すためにネオンサインに封入されます。また，フッ化クリプトンはレーザー生成に使われます。

　東西冷戦中，西側の科学者たちは，鉄のカーテンを隔てた敵の動きを探るために放射性同位体クリプトン85を使いました。この同位体は原子炉の運転からかなり一定の割合で放出されるた

め，西側の原子炉から生成される推測合計量を，大気中の測定合計量から引けば，東側陣営の原子炉稼働状況がだいたい推測できるわけです。

　そして，DCコミックスによる原作ストーリー，それに続く多くの映画やコミックの中でスーパーマン（そしてもちろんスーパーガールや，スーパードッグのクリプト）の故郷となった架空の惑星クリプトンの名は，もちろん元素クリプトンにちなんでいます。

クリプトナイト発見！

　2006年の映画『スーパーマン リターンズ』では，クリプトナイト（スーパーマンの弱点）の化学成分は「ナトリウム・リチウム・ホウ素・ケイ酸塩・水酸化物・フッ素」と表記されました。この成分は，2007年に発見された鉱物ジャダライトと驚くほど似ています。一部の科学者たちが，実在のクリプトナイトが発見されたと主張して，マスメディアの注目を集めましたが，この新たに発見された鉱物はフッ素を含まず，もちろん不気味な緑色の輝きもありませんでした。似てはいましたが，惜しいところで別物でした。

ルビジウム

37
Rb
85.4678
Rubidium

分類：アルカリ金属
原子番号：37
色：銀白色
融点：39℃ （102℉）
沸点：688℃ （1270℉）
発見年：1861年

　貴ガス（周期表で一番右の縦列にある元素）が，反応しにくいなど多くの性質を共有するように，一番左側の1族も共通の特徴をもち，融点が低く反応性が非常に高く軟らかい性質の金属です。リチウムやナトリウムは水の中での強い反応をよく見せますが，ルビジウム（比較的低い温度で液体になります）はさらに激しく危険な反応を起こし，空気中で自然発火するため，学校の化学教師は真空かアルゴンのようなガスの中で保管しなくてはなりません。水に入れると，すぐ爆発し，非常に激しい反応で水素が放出されて，多くの場合発火します。

　このアルカリ金属は，いくつかたいへんおもしろい用途があります。ルビジウムの同位体の一つは放射性同位体87で，この半減期は約500億年です。ビッグバンから現在まで約140億年しかたっていないのですから，これは途方もなく時間のかかる放射線崩壊です。崩壊しながらストロンチウム87を生成しますので，この現象を利用すると，分光器でルビジウムとストロンチウムの含有量を比較して，非常に古い岩石の年代を正確に測定することができます。

ルビジウムは（セシウム同様に）原子時計にも使われます。原子時計は、原子と共鳴するマイクロ波の固有な周波数を基準とする時計です。自然に人間の体内で見つかるものではありませんが、簡単に排せつできて無害なので、カリウムの体内での動きを研究するために使われ（人体はこの二つを似たように扱うため）、放射性同位体ルビジウム82は脳腫瘍を見つけるために使われます。

ブンゼンバーナーと分光器

あまり聞かれそうもないことですが、もしも、これらの二つの素晴らしい科学器具の共通点を人に尋ねられたら、その答えはドイツの化学者ロバート・ブンゼンです。彼はブンゼンバーナーを発明し、また1859年に物理学者グスタフ・キルヒホフとともに分光器を発明して、それからこの分光器を多くの新元素の特定に使いました。1861年までに、この二人組は分光器を使ってセシウムとルビジウムを発見しました。ルビジウムは1861年にリチア雲母という鉱石から発見されました。炎色反応のスペクトルでルビーのような赤色の輝線を示すことから、ラテン語で「暗赤色」を意味する「rubidus」にちなんでルビジウムと命名しました。

ストロンチウム

38	
Sr	
87.62	
Strontium	

分類：アルカリ土類金属
原子番号：38
色：銀灰色
融点：777℃ （1431℉）
沸点：1377℃ （2511℉）
発見年：1790年

　18世紀の終わり頃，スコットランド高地西部のサンアート湖の湖岸ストロンチアン村近くの鉛鉱山で，見慣れない鉱石が発見されました。分析のためにエジンバラに送られ，科学者トーマス・チャールズ・ホープがこの鉱石に新しい元素が含まれていると証明し，ろうそくの炎を赤く燃やす原因であるという事実を指摘しました（この元素はストロンチウムと命名され，1808年ハンフリー・デービーが単離に成功しました）。

　この元素で皆さんが一番見慣れているのは赤い炎でしょう。ヨーロッパのサッカースタジアムでよく見られる赤い炎の発煙筒や赤い花火には，ストロンチウムが使われています。金属としては，ベリリウム，マグネシウム，カルシウムなどの2族のほかの元素と同じように，軟らかく，すぐ反応して酸化物を形成します。ストロンチウムは化合物である鉱物の中からのみ見つかり，その一つである天青石（セレスタイト）は18世紀にイギリスのウェスト・カントリーで発見されました（地元の村人たちが庭の通路に装飾用の砂利として利用していました）。

　放射線同位体ストロンチウム90は，1945年以来，原爆投下

や核実験によって放出されてきました。草地と乳製品経由で食物連鎖に組み込まれ，人体がカルシウムと間違えて骨や歯に取り込むため，たいへん問題となる同位体です。1986年のチェルノブイリ原子力発電所事故でも放出された有害物質の一つで，ロシアやヨーロッパの一部に汚染が広がりました。

　ストロンチウムのカルシウムとの類似性は，医学的用途に活用されています。ガン治療では放射線トレーサー（医師が体内の細胞の移動や変化を追跡するための医薬品）として使われ，非放射線塩のラネル酸ストロンチウムは，古い骨組織の衰弱を遅らせて骨の成長を促すため，骨粗鬆症の治療に使用されています。

イットリウム

分類：遷移金属
原子番号：39
色：銀白色
融点：1522℃ （2772℉）
沸点：3345℃ （6053℉）
発見年：1828年

　イッテルビー村はスウェーデンのストックホルム群島内の島にあり，現在ほとんどが郊外住宅地になりました（ストックホルムから車で約30分）。ここは，かつてスウェーデンで最も生産量の多い鉱山があった地域で，長石（磁器用）や石英が生産されて

いました。実のところ，最も多くの元素名の由来となった場所でもあるのです。

　1787年，カール・アクセル・アレニウス（軍人かつアマチュア化学者）が黒い鉱物のかたまりを発見し，見かけは特に興味を惹くものではありませんでしたが，異常に重い鉱石でした。これはのちにガドリン石と名付けられました（イッテルバイトと呼ばれることもあります）。フィンランドの化学者ヨハン・ガドリン（137ページ参照）は，この鉱石の38パーセントが新しい未知の「アース」（当時「酸化物」を意味した言葉）であり，木炭やその他の従来の方法による燃焼で分解することができないことを証明しました。

　そして，1828年にフリードリヒ・ヴェーラーが酸化物からこの元素を初めて単離しました。カリウムを使ったかなり激しい反応によって酸素を分離し，純粋なイットリウムを生成したのです（この元素は地球よりも月でもっとありふれていることが判明しました。宇宙飛行士が持ち帰った月の石にはかなりの量のイットリウムが含まれていたのです）。しかし，ガドリン石には，まだ三つの未知の元素が隠れていて，素晴らしいことに，この発見によりさらに三つの元素が発見されました（137ページ参照）。

　イットリウムは軟らかい銀色の金属で，空気中でただちに酸化被膜をつくり安定化します。着火すると，燃焼し，さらに酸化します。アルミニウムとマグネシウムの合金を強化するために添加されたり，レーダー技術向けマイクロ波フィルタ，LED，レーザーなどにも使われたりしています。酸化イットリウムは，熱や衝撃に対する抵抗を強化するためにガラスに添加され，防弾ガラスなどに使われます。また現在，イットリウムバリウム銅酸化物（YBCO）は科学者たちに大いに注目されています。1980年代，

アメリカの二人の化学者が，絶対零度より95℃高い温度（－178℃），つまりそれまでに知られていた超電導体に比べ著しく高温で超伝導体（電気がエネルギーを失わずにその物質中を流れます）になることを発見しました。これによって理論上，液体ヘリウムよりもコストの安い液体窒素を使い，MRIスキャナーを現在より低価格で製造できることになるのですが，実現するためには解決しなくてはならない技術上の問題がいろいろ残されています。

ジルコニウム

40 Zr 91.224 Zirconium	

分類：遷移金属
原子番号：40
色：銀白色
融点：1855℃ （3371℉）
沸点：4409℃ （7968℉）
発見年：1789年

　2000年以上前から，アラビア語ではzargun，英語ではzircon（ジルコン）と呼ばれる金色の宝石が知られてきました。今日ではジルコンを模倣した人工宝石もつくられています。密度はダイヤモンドよりも高く，強く輝いています。硬度はダイヤモンドよりも劣るものの，ダイヤモンドに準ずる程度の硬さがあります。実際，もともとジルコンは質の悪いダイヤモンドだと考えられていました。1789年になって初めて，ドイツの化学者マルティン・

ハインリヒ・クラプロートがジルコニア（ジルコニウムの酸化物）をジルコンから分離して、この元素を発見し、1824年にベルセリウスがジルコニウム自体の単離に成功しました。硬く、軽く、銀色で非常に腐食しにくい金属です（粉末状のものをブンセンバーナーの炎に落とすと、とても美しく火花を散らし、学校の教師がよく行う鉄粉の実験をもっと華々しくしたような感じです）。

　セラミック製造でジルコニウムは、陶磁器に使う釉薬の顔料に使われ、また、さらに重要なことに、高温でも耐えられる非常に頑丈なセラミックにも（ジルコニウム酸化物の形で）使用されます。このセラミック製のるつぼは、赤熱状態のまま冷たい水に浸されても損傷しません。また、この非常に強度の高いセラミックは、ナイフ、ゴルフのアイアン、切削工具にも使われます。さらにジルコニウムの酸化物は、化粧品や消臭剤やマイクロ波フィルターの生産に用いられます。

　しかし、ジルコニウムの最も重要な用途は原子炉での使用です。中性子を吸収しにくい金属であるため、原子炉内の原子燃料やほかの元素の被覆に使われますが、ジルコニウムは原子炉事故で不幸な役割を果たすこともあります。著しい高温下で、この金属は蒸気と反応して水素や酸化ジルコニウムを生成します。水素は爆発を起こしますし、酸化ジルコニウムは核燃料棒が崩壊する原因になります。これは1986年にチェルノブイリ原発で起きた事故の一部でした。原子炉が前代未聞のレベルまで熱し、ジルコニウム反応が温度をさらに制御不能にしてしまう問題悪化のループを生み、その結果、悪名高い事故になりました。

ニオブ

41 **Nb** 92.90637 Niobium	**分類**：遷移金属 **原子番号**：41 **色**：くすんだ灰色 **融点**：2477℃ （4491℉） **沸点**：4744℃ （8571℉） **発見年**：1801年

　皆さんは，新元素が次々と発見された時期がいくつかあると気づかれたかもしれません。まず一つはメンデレーエフの周期表が発表されたすぐ後の頃で，このとき化学者たちは「未知の元素」を探し始めました。また，それより前の18世紀後期には，ラヴォアジエの質量保存の法則（1774年）やジョゼフ・プルーストの定比例の法則（1799年）に触発されてジョン・ドルトンが原子論を唱え，「元素」という考え方が幅広く注目されるようになりました。

　こうした状況がニオブの発見につながりました。1801年，イギリスの化学者チャールズ・ハチェットは大英博物館で鉱物コロンバイトを分析しました。実験からこの鉱物に新しい元素が含まれていることを確信し，その元素をコロンビウムと命名しました。ところがその後，実は（この翌年別個に発見された）タンタルだったのではないかと指摘され，この発見は信ぴょう性を疑われました。しかし，1844年にドイツの化学者ハインリヒ・ローゼが，コロンバイトが二つの元素を含んでいると証明しました（タンタルとニオブで，ニオブはギリシャ神話のタンタロス王の娘ニオ

ベーにちなんで命名されました）。そして1864年，純粋なニオブがついに単離されました。

　ニオブは，鋼のような灰色の金属で，強い酸化被膜を形成するため，極めて高い耐食性をもちます。多くの合金，特にステンレス鋼に使われ，低温で使用される合金を強化します。ロケットやジェットエンジン，石油プラットフォーム，ガスのパイプラインなどに使われています。

　アメリカの科学者たちはコロンビウムという名前を1950年まで使い続けましたが，結局ニオブ（英語：niobium，ドイツ語：niob）というヨーロッパの名称を採用し，それと引き換えにタングステンにはアメリカの名称を選択することが合意されました（タングステンはヨーロッパではウォルフラムと呼ばれていました）。今日でも，アメリカの一部の冶金関係者は依然としてコロンビウムという名を使い続けています。

　私たちの暮らしにおけるニオブの顕著な日常的役割を奪ったのは，タングステン（146ページ参照）でした。ニオブは高い融点をもつことから，もともと白熱電球のフィラメントに使われていましたが，すぐにさらに高い融点のタングステンに取って代わられました。

モリブデン

42
Mo
95.95
Molybdenum

分類：遷移金属
原子番号：42
色：銀白色
融点：2623℃ （4753℉）
沸点：4639℃ （8382℉）
発見年：1781年

　大半の人にあまり知られていない元素ですが，モリブデンは人間の暮らしにとって驚くほど重要です。植物や動物には実にさまざまな酵素があり，その一つにモリブデンを含むニトロゲナーゼという酵素があります。これはマメ科植物などの根に共生する細菌に棲む酵素です。空気から窒素を吸収してアンモニアを放出し，窒素を人間や動物が消化できる形に変換する「窒素固定」のプロセスで重要な役割を果たしています。私たちは，窒素が体内でたんぱく質の構成要素となるおかげで生きているので，地球環境に存在する微量元素モリブデンがなかったら，ただ生きることさえできなくなってしまいます。

　この元素はまた，鋼との合金であるモリブデン鋼の生産に必要です。第一次世界大戦で西部戦線に配備されたイギリスの戦車の装甲には，厚さ約7.6 cmのマンガン鋼板が使われていましたが，敵の直撃に耐えることができませんでした。そこで，わずか約3 cmの厚さでずっと軽いのに，はるかにもっと頑強なモリブデン鋼材に取り替えられました。モリブデン鋼は，高層ビルや橋など，より高品質が求められる建設にも使われています。

モリブデンという名は, ギリシャ語で「鉛」を意味する「molybdos」に由来します。モリブデンは純粋な単体として天然に存在せず, その主要鉱石である輝水鉛鉱は非常に似ている鉛や黒鉛とよく間違われました。1778年にカール・ヴィルヘルム・シェーレは, これが鉛でも黒鉛でもないことに気づきました。そして, シェーレの友人ペーター・ヤコブ・イェルムがシェーレの研究を受け継いで, 1781年にこの銀色に輝く金属である元素の単体分離に成功しました。イェルムはまるで錬金術の魔法のような方法を使いました。まず炭素をモリブデン酸といっしょにすりつぶし, 亜麻仁油を加えてペースト状にしました。これを赤熱するまで熱すると, 混合物からこの金属が現れたのです。

　今日, モリブデンは, 加熱用電気フィラメント, ミサイル, ボイラー用鋼板, 石油精製の触媒などに使われています。また, 硫化モリブデンは, WD-40のような石油系オイルよりも, より高い温度で耐熱性がある潤滑剤の主要成分になっています。

テクネチウム

分類：遷移金属
原子番号：43
色：銀白色
融点：2157℃　（3915℉）
沸点：4265℃　（7709℉）
発見年：1937年

　テクネチウムはメンデレーエフの周期表にあった四つの未知の元素のストーリーを完成させる物質です。スカンジウム，ガリウム，ゲルマニウムの発見後，メンデレーエフがエカマンガンと呼んだ43番元素を見つけて単離しようと，さまざまな試みが行われました。実に多くの研究が失敗に終わりましたが，ついに1937年，シチリアのパレルモ大学でイタリアの科学者カルロ・ペリエとエミリオ・セグレが，思いがけない方法で発見しました。テクネチウムの発見に先立ち，セグレは加速器のあるアメリカのローレンス・バークレー国立研究所を訪問しました。そして，セグレは加速器の開発者アーネスト・ローレンスに，サイクロトロン加速器内で重陽子（陽子1個と中性子1個からなる重水素の原子核）を照射したモリブデン箔を送ってもらったのです。

　その後，セグレとペリエは，新しい元素の二つの放射性同位体を単離することに成功し，この元素をテクネチウムと命名しました。この発見は，「人工的」につくられた元素であったために論争を生み，当時はまるでインチキのようにみなされて広く認められませんでした。今ではテクネチウムのすべての同位体が放射性

同位体であると判明し，つまりは主に星の原子核反応で形成された元素であることがわかっています（テクネチウムの半減期は比較的短く，これは地球形成時に存在していたテクネチウムが大昔に崩壊消滅してしまったということを意味します）。

　しかし，第二次世界大戦中の素粒子物理学の進歩とプルトニウムの発見も，同じように人工的だったので，次第に人々の意見は変わっていきました。イギリス（オーストリア生まれ）の化学者フリードリヒ・アドルフ パネットによる論文「未発見元素の合成（The Making of the Missing Chemical Elements）」は，人工元素と天然に存在する元素の間に区別はないはずで，また，元素のどのような同位体であろうと最初に発見した者が元素を命名するべきであると，科学界を説得する重要な役割を果たしました。セグレとペリエは，すぐさまそれに堂々と反応して，ギリシャ語の「人工」を意味する言葉から新しい元素を「テクネチウム」と名付け，ついに純粋な元素として認められたのでした。

　皮肉なことに，1952年に恒星群の発光スペクトルから天然のテクネチウムが発見されました。アフリカのガボン共和国の地下にあるウラニウム鉱床内で，大昔に自発核反応が起き，現在も少量のテクネチウムがあると，地質学者たちが発見したのでした。

　今日生産されているテクネチウムは，使用済み核燃料棒から抽出されて集められ，大半が（テクネチウム99 mの形で）医療用画像検査に使われています。この同位体はガン細胞に集まるので，体内の腫瘍の位置を発見するために使われます。

ルテニウム

44 **Ru** 101.07 Ruthenium	**分類**：遷移金属 **原子番号**：44 **色**：銀白色 **融点**：2334℃ （4233℉） **沸点**：4150℃ （7502℉） **発見年**：1844年

　ルテニウムは，光沢のある銀色の金属で，最も一般的には，ペントランド鉱や輝岩など，ほかの白金属の鉱石の中から見つかります（白金属の元素は，ルテニウム，ロジウム，パラジウム，オスミウム，イリジウム，白金で，この6元素は周期表の中で長方形に並び，似た性格をもっています）。たいていニッケルや白金とともに採掘されますが，地球ではレアメタル（希少金属）で，毎年わずか12tほどしか抽出されません。

　ルテニウムは，おそらく南アフリカの白金鉱石からポーランドの化学者イェンジェイ・シニァデツキによって初めて発見されたと考えられています。シニァデツキは1808年にこの新しい金属を発見し，ベスティウムと名付けたいと主張しました。けれども，同じことを再度試みたほかの者たちがこの金属を見つけられなかったため，この主張を撤回したのでした。

　1828年，ドイツの化学者ゴットフリート・オサンが，ウラル産白金鉱石の中から三つの新しい元素を発見したと主張し，プルラニウム，ポリニウム，ルテニウムと名付けました。プルラニウムとポリニウムは誤りでしたが，カザン大学の化学者カール・エ

ルンスト・クラウスが1840年代にルテニウムの存在を確認し，オサンの決めた名前のままにしました（現在のロシア西部を含む地域の古い名称ルテニアが由来です）。

　ルテニウムは合金に使われ，白金やパラジウムをより硬くします。これらの金属やほかの金属との合金は（たとえば）装身具，電気接点，太陽電池，チップ抵抗器に使われます。有名な万年筆であるパーカー51の金のペン先には，96パーセントのルテニウム（イリジウムとの合金）が使われています。

ロジウム

45
Rh
102.90550
Rhodium

分類：遷移金属
原子番号：45
色：銀白色
融点：1964℃（3567℉）
沸点：3695℃（6683℉）
発見年：1803年

　もしロジウムという，最も希少で非放射である元素の一つが存在しなかったら，あなたの町や市の道路ははるかに不健康な場所になるでしょう。ロジウムが使われている自動車排ガス浄化触媒はさまざまな酸化還元反応によって，排気ガス内の有害なガスや汚染物質を浄化して，より安全な空気にしています。この用途にはパラジウムや白金も使われていますが，80パーセントの窒素

酸化物を無害の窒素と酸素にする還元機能で，ロジウムが重要な役割を担っています。

1803年にイギリスのウイリアム・ウォラストンがロジウムを発見しました。ウォラストンは，同じくイギリスの化学者であるスミソン・テナントといっしょに白金を精製して販売しようと試みていました。白金を「王水」と呼ばれる非常に強い酸の混合液に溶かした後，テナントが溶けずに残ったものを調べ（150〜152ページ参照），ウォラストンが白金の溶液のほうを調べました。ウォラストンは白金とパラジウム（次の項目参照）を沈殿させて分離しました。塩化ロジウムナトリウムが，美しいバラ色の結晶の形で残り，ギリシャ語で「バラ色」を意味する「rhodon」という言葉からロジウムと命名されました。ウォラストンは，この化合物から金属そのものを抽出したのです。

ロジウムは，熱電体向けに白金との合金，また光ファイバーのコーティング，電気接点用材質に使われます。また，触媒コンバーターでの役割と同じように，化学産業がいろいろなほかの方法でロジウムを触媒として使っています。たとえば，皆さんはミント味のものをよく見かけることでしょう。このミント味はもともと植物のミントから抽出されますが，ノーベル賞を受賞した日本の化学者，野依良治が開発したロジウム触媒のおかげで，メントール生産の非常に優れた方法が考案されました。

パラジウム

46 **Pd** 106.42 Palladium

分類：遷移金属
原子番号：46
色：銀白色
融点：1555℃ （2831℉）
沸点：2963℃ （5365℉）
発見年：1803年

　18世紀のブラジルの鉱夫たちは，ouro podre（価値のない金）と呼ばれるかたまりを時おり見つけました。これは，金とパラジウムの天然合金でした。パラジウムは単体としてもたまに見つけられていましたが，1803年までは元素として認識されていませんでした。ウイリアム・ウォラストンはロジウムを発見したの

同じときに，白金から沈殿分離して，パラジウムを生成しました。ところが，通常のやり方で科学界にすぐ発表しませんでした。

　代わりに，その発見を称賛するパンフレットをつくり，ロンドンのソーホー地区ジェラード・ストリートの店でその金属を発売したのです。パンフレットの見出しは「パラジウム，もしくは新しい銀」で，価格は「標本サイズにより，5シリング，半ギニー，1ギニー」と書かれています。そして，ある化学者に反論されて初めて，ウォラストンは発見方法を出版しました。

　ロジウムのように，パラジウムも自動車からの有害排ガスを浄化する触媒コンバーターに使われます。未燃焼あるいは一部燃焼した炭化水素を，大気に排出される前に除去することに優れています。パラジウムは，たとえばセラミックコンデンサ（セラミックとパラジウムでつくられたいくつもの薄い層で構成されています）など，電子工業でも幅広く使われています。「価値のない金」は，昔よりも今日，ずっと貴重なものになり，人気のあるジュエリー用貴金属「ホワイトゴールド」は金とパラジウムの合金からつくられることが最も多いです。

　パラジウムは，エネルギー問題の解決手段になるかもしれないと何度か期待を集めてきました。1989年，イギリスの化学者マーティン・フライシュマンとアメリカの化学者スタンリー・ポンズが，陽極を白金，陰極をパラジウムとして重水を電気分解して，核融合反応からエネルギーを生み出したと発表しました。これは非常に画期的でしたが，この結果を再現することができず，誤りであることが論証されました。

　次に，パラジウムは，理論的には（未来の燃料電池用）水素の大規模貯蔵の問題を解決できるのです。パラジウムには奇妙な性質があります。水素分子をパラジウムの構造内に吸収し，水素はパ

ラジウム内に拡散して，その空間に収まりきるよう最小1/1000にまで圧縮されるのです。パラジウムは現在このような用途で使うには価格が高すぎるのですが，もし似たように機能するもっと安価な化合物か合金かパラジウム製品をつくり出す方法が見つかれば，（水素をスポンジのように吸い取る水素吸蔵材料として）将来的に非常に役立つでしょう。

銀

分類：遷移金属
原子番号：47
色：銀色
融点：962℃ （1764℉）
沸点：2162℃ （3924℉）
発見年：先史時代

　銀は，天然に純粋な形で「自然な金属」として見つけることができるので，人類はこの美しく輝く金属を1万年以上も前から知っていました。どうやら紀元前3000年頃に古代トルコやギリシャ地域で，カルデア人が灰吹法によって初めて鉱石から銀を抽出したようです。銀鉱石（鉛，亜鉛，銅，銅ニッケルなどのほかの金属が含まれています）を炉の中に鉛とともに入れて溶かします。それを精製皿に入れて加熱し，その上に空気を吹きこむと，より反応しやすいほかの金属が酸化して，溶解した銀を単離でき

る方法です。

　当時から，銀は硬貨や豪華な家財道具に使われました。強度を高めるために銅やほかの金属がよく添加され，こうしたものはスターリングシルバーと呼ばれます。貴金属仲間である金と違い，銀は変色します。硫黄に反応して表面に硫化銀が形成され，徐々に暗く曇った色になるので，定期的にみがかなくてはなりません。それでも，歴史上ずっと高い価値をもってきました。

　鏡や自撮りが好きな方もいるでしょうが，このように自分の姿に見とれる方法の開発には銀が重要な役割を果たしてきました。銀はよく反射するため，歴史上長い間鏡の裏に使われてきました（今は通常だと安価なアルミニウムが使われています）。1727年，ドイツの科学者ヨハン・ハインリヒ・シュルツェは，チョークと硝酸銀の混合物をつくり，それが光によって黒く変色することを発見しました。シュルツェはステンシルを利用して画像をつくる実験を行い，写真技術の源となりました。混合物の表面上にあるイオンの分離と結合が濃い色の部分と薄い色の部分をつくりました（が，シュルツェはこの画像を焼きつけて残すことはできませんでした）。1840年にイギリスのウィリアム・ヘンリー・フォックス・タルボットが，没食子酸を使ってヨウ化銀を塗った紙に画像を焼きつける方法を考案し，写真技術に必要なものがそろったのでした。

　もちろん，現代の自撮りはデジタル写真で，化学プロセスを必要としませんが，当時の発見がどれだけ素晴らしいものであったのか評価する価値はあるでしょう。そして，現代も，銀の新しい用途が発明されています。たとえば，指先部分に銀繊維を織りこんだ手袋は，寒いときに手袋をしたままスマートフォンの画像が使えます。

カドミウム

48
Cd
112.414
Cadmium

分類：遷移金属
原子番号：48
色：銀青色
融点：321℃　（610℉）
沸点：767℃　（1413℉）
発見年：1817年

　カドミウムは有害物質で，先天性異常やガン，また日本のイタイイタイ病（この病気によるひどい痛みにちなんだ病名）の原因です。神通川流域周辺で米などの農作物が亜鉛鉱山によって汚染され，とりわけ1960年代に大きな騒ぎになりました。私たちの体はカドミウム中毒に対する自然防御がいくらか可能ですが，その限界を超えると非常に危険です。カドミウムは亜鉛の副産物として生産されることが多く，亜鉛と似た点がいろいろあります。また，いくつかの点では水銀にも似ており，三つの元素は周期表で縦に並んでいます。

　カドミウムは1817年に発見されました。「カドミア」と呼ばれる天然炭酸亜鉛を熱して酸化亜鉛をつくっていたドイツの薬剤師たちが，ときどきその酸化物が純粋な白色でなく変色することに気づきました。当時その薬局の監督長官であったフリードリヒ・シュトロマイヤーがこれを研究して，茶色い酸化物を分離し，それを炭素で熱して新しい金属を還元しました。

　長年カドミウムには多くの用途があり，たとえば，カドミウムイエローの顔料（モネの好んだ絵の具の一つ）に使われ，硫黄や

セレンなどほかの物質を加えて茶色や赤やオレンジ色の顔料にも使用されました。さらに，（硫化カドミウムの形で）ほうろう鍋をきれいな橙赤色にするためにも使われました。

　かつての電池や昔のカラーテレビのブラウン管も，カドミウムを含んでいました。今でもまだニッケル・カドミウム蓄電池は使われています。また，カドミウムは中性子を吸収する性質から原子炉向けにも使われます。重機械の部品の多くや石油プラットフォームの材質もカドミウムを含んでいます。一般的に，この有害元素の使用はほとんど置き換えられようとしているわけですが，それでも，カドミウムが含まれているタバコの煙を自分から吸ったり，ニッケル・カドミウム電池を安全な方法で廃棄せずに環境汚染をしたりしている人たちが未だにいるのですから，あきれるばかりです。

インジウム

49 **In** 114.818 Indium	**分類**：貧金属 **原子番号**：49 **色**：銀灰色 **融点**：157℃（314℉） **沸点**：2072℃（3762℉） **発見年**：1863年

　酸化インジウムスズ（通称ITO）は極めて役立つ化合物で，可視光線に対して透明，かつ導電性があり，ガラスに強く付着します。この三つの組み合わせから，液晶ディスプレイ（Liquid Crystal Display：LCD）など，コンピューターやその他の機器向けフラットパネルディスプレイに使われています。酸化インジウムスズを使うと，ほかのピクセル（画素）からの光の影響なしに，それぞれのピクセルが電気信号を伝達できるのです。

　このため，近年インジウムの価格は急騰しました。インジウムは比較的希少なレアメタル（希少金属）の一つで，地殻中の存在度はわずか0.1 ppm（つまり，銀とほぼ同じくらい希少）です。かつてはあまり使用されず，たとえば1924年には世界中どこでもほとんど生産されていませんでした。けれども，今では毎年1000t以上が使われています（その半分はリサイクル資源から）。インジウム資源は今後十年で枯渇するかもしれないという意見も発表されています。

　これは心配ですが，今のところ，まだインジウム金属は大量にあり，価格が高騰すると，たいてい供給側は抽出技術をより工夫

するようになります。

　インジウムは中程度に有毒で，銀色の軟らかい金属で，著しく接着力があり（このため，はんだに使われます。単体であると，ほかの金属に強く接着します），多くのハイテク用途があります。インジウムの金属片を折り曲げると，スズの「スズ鳴き」と同じような音がします。鳴き声というよりは，ピキピキとかすかですが，原子が配列を変える音です。インジウムは低温下で使えるので，クライオポンプや絶対零度に近い低温下で使われる器具に用いられます。インジウム合金はほかの金属に大きな違いをもたらし，たとえば，金とインジウムの合金は，金よりもはるかに硬いものです。ヒ化インジウムガリウムやセレン化銅インジウムガリウムといった化合物は太陽電池に使われています。

　インジウムという名前は，インディゴ色にちなんでいます。ドイツの化学者フェルディナント・ライヒが，豊富に亜鉛が含まれた鉱石の中からインジウムを発見したのですが，共同発見者テオドール・リヒターが原子分光計を使って見た明るいインディゴ色の線が新元素の証拠となりました（のちにリヒターが彼一人の発見であったと主張したため，二人の関係は不和になりました）。

スズ

50 **Sn** 118.710 Tin	**分類**：貧金属 **原子番号**：50 **色**：銀白色 **融点**：232℃（449℉） **沸点**：2602℃（4716℉） **発見年**：古代文明

　スズは人類の歴史上たいへん重要な元素です。軟らかい金属で，低い融点をもち，酸化による腐食をしにくい性質です。1万年前にはすでに人間に使われていましたが，紀元前3500年頃に金属職人たちがスズと銅を組み合わせて青銅をつくる方法を生み出し，大きな転換期を迎えました。これ以前も金属は精錬抽出されていましたが，これが最初の重要な合金でした。青銅は明らかに，その成分である二つの金属の利点を組み合わせたもので，スズより硬く，低い温度で銅より溶解するので加工しやすいのです。スズと鉛や銅やアンチモンの合金はピューター（しろめ）と呼ばれ，スズメッキは鉄製品の錆を防ぐためのブリキとして使われました。

　その後の数千年間，スズ金属はたいへん重要な経済資源でした。地中海周辺やブリタンニア（現代のイギリス）のコーンウォールなどのいくつもの場所で採掘され，これはローマ人のブリタンニア侵攻の動機になった可能性があります（元素記号 Snは，ラテン語で「スズ」を意味する「stannum」からです）。

　酸化しにくいとはいえ，純粋なスズは，徐々に灰色でぼろぼろの粉のように崩壊する「スズペスト」という現象が起こります。

これは10℃以下で始まり，－30℃ぐらいになると激しく破壊してしまいます。この現象は，少なくとも二つの歴史的な災いの原因とされています。1812年ナポレオンはロシア遠征で大敗しましたが，極寒の地で兵士たちの軍服のボタンがぼろぼろに崩壊して，彼らの低体温症を悪化させたといわれています。また，スコット大佐と隊員たちは（アムンゼン隊に敗れて）南極到達の後，帰途のためにつくった，ブリキ缶詰の貯蔵所に戻りましたが，パラフィンが缶の小さな穴から漏れたのが見つかりました（異なる説もあるようです）。その後，彼らは厳しい気候にさらされて全員亡くなりました。

　英語では「tin can（スズの缶，つまりブリキ缶）」，「tin foil（スズ箔）」といった言葉を，今ではアルミニウム製であるアルミ缶やアルミ箔にも使っています。多くの鐘やパイプオルガンのパイプには今でもスズが使われ（たいてい鉛との合金），スズは多くの合金の重要成分で，このような合金は，金属同士を接着するはんだなどに使われています。スズはまたガラス生産にも使われ，融解したガラスを融解したスズの上に浮かべて平らな板状のガラスをつくります。そして，今でも多くの子どもたちがブリキのおもちゃで楽しく遊んでいます（今はほとんどが中国製です）。

アンチモン

分類：半金属
原子番号：51
色：銀色
融点：631℃ （1167℉）
沸点：1587℃ （2889℉）
発見年：紀元前1600年頃

　アンチモンはさまざまな形で少なくとも5000年前から使われてきました。現在のイラクにある古代シュメール文明の遺跡から，アンチモン製品のかけらが19世紀に発見されました。これは花瓶の一部ともいわれますが，アンチモンは花瓶の形にするにはもろすぎるので，おそらくそうではないでしょう。アンチモン鉱物の輝安鉱（硫化アンチモン）は黒い顔料として，紀元前1600年頃まで古代エジプトでコールと呼ばれるマスカラに使われました（元素記号Sbは，「輝安鉱」を意味するラテン語「stibium」にちなんだようです）。悪女として知られるイゼベルは，最後の反抗として「その目にコールを塗り，髪を飾った」といわれる，と聖書に書かれています。アンチモン酸鉛の黄色い顔料も古代バビロニア人が装飾用レンガに使いました。

　中世，アンチモンは薬としての効果が知られていました。毒性がある物質なのですが，催吐剤や便秘薬として使われました。17世紀には，有名な医師・錬金術師パラケルススのアンチモンを薬品として使った後，薬用を巡って「アンチモン論争」という激しい論争が起きました。あるドイツの著述家は，「修道士バシ

リウス・ウァレンティウス」と名乗って出版した『アンチモンの凱旋車』という本でアンチモンのいろいろな用途を提唱しました。そして，アンチモンは有害であると認め，アンチモンの名は「アンチ・モンク（修道士反対）」に由来すると主張しました。修道士がこの毒の被害にあったことが知られていたからです。しかし，同時に錬金術を使ってアンチモンを無害にできるとも主張しました。また，作曲家モーツァルトは，アンチモンからつくられた薬品で殺されたのかもしれないとも考えられています。

　現在，アンチモンは主に電子工業で使われています（たとえば，半導体，ダイオード，インジウムとの合金，赤外線センサーに）。鉛などの軟らかい金属はアンチモンとの合金によって強化され，伝統的にピューターに使われ，銅とアンチモンはともにスズや鉛をより硬くしました。鉛とアンチモンの合金は銃弾や活字合金（旧式の印刷機で見られます）に使われます。また，塗料やエナメルなど，さまざまな難燃材料にも用いられています。

テルル

分類：半金属
原子番号：52
色：銀白色
融点：449℃ （841℉）
沸点：988℃ （1810℉）
発見年：1783年

　テルルは将来の供給が不確かな元素です。従来，たとえば銅や鉛やステンレス鋼などの金属をより硬く，加工しやすく耐食性を増すため，合金に使われました。また，ゴムの加硫やガラスの着色にも使われます。けれども，需要が最も増えている分野は，書き換え可能なCDやDVD，それから，ソーラーパネルの製造です。これはテルル化カドミウム化合物の形で効率的にエネルギーを捕獲できるからです。

　問題はテルルが銅生産の副産物であることです。テルルは電解精錬で生まれる「陽極泥」から精製されます。近年，銅生産は減少して，工程も変化し（異なるタイプの銅が抽出されるため），これがテルル供給に影響して価格が大幅に高騰しました。

　テルルは，半金属として光沢のある銀色の金属の形のときもありますが，通常，暗灰色の粉として生産されます。そして，ある程度の毒性があり——セレンと同じように——取り扱うと，ニンニク臭がします。テルルはトランシルヴァニアで発見されました。オーストリアの鉱物学者フランツ＝ヨーゼフ・ミュラー・フォン・ライヒェンシュタインが見つけた光沢のある鉱石は，彼が疑った

とおり，アンチモンやビスマスではなく，テルル化金だったのです。ライヒェンシュタインはこれに新元素が含まれていることを証明しましたが，標本を送ったドイツの化学者マルティン・クラプロートが正しいと確認するまで，広く認められませんでした。

　天王星は，近代になってから惑星として確認されました。古代の伝統では，すでに知られている七つの天体それぞれが金属と関連付けられました（たとえば，太陽は金と関連付けられ，月は地中の銀鉱石をはぐくみ，火星は鉄と関係があるなど）。そこでクラプロートは，地球を意味する古代ギリシャ語「tellus」とUranus（天王星）の名の最初の部分を組み合わせて「tellurium（テルル）」と命名しました。

ヨウ素

分類：ハロゲン
原子番号：53
色：黒色（と紫色の気体）
融点：114℃ （237℉）
沸点：184℃ （364℉）
発見年：1811年

　かつて，首が著しく腫れる甲状腺腫の患者が多い地域がいくつもありました。こうした地域は，発達障害（特に「クレチン症」として知られる症状）の発生率も高い傾向がありました。これら

の地域はたいてい海から遠い内陸部だったので，昔の医学者たちはそこに関連性があるのではないかと考えました。

　ローマ帝国時代のギリシャの医師ガレノスや，中世のサレルノ医学校の医師ロゲリウスは，海綿や海藻を使った甲状腺腫の治療を提唱しました。同じ時代の中国の記録にも似たような治療法が残されています。そして，パラケルススはこの症状を防ぐ役割を果たす鉱物が海水の中にあるのかもしれないと考えました。どれも皆意味ある指摘ではありましたが，この関連性がはっきりしたのはずっと後になってからです。1811年，フランスの化学者ベルナール・クールトアがカリウムの原料となる海藻灰を使って硝酸カリウムをつくっていたとき，硫酸を加えたところ，驚いたことに紫の煙がたって黒い結晶に凝縮しました。すぐに，新元素の発見だと明らかになり，これがヨウ素（英語では「iodine」で，「すみれ色」を意味するギリシャ語「iodes」に由来します）で，気体にも固体にもなります（ついでにいうと，ヨウ素は昇華して液体段階がないと広く信じられていて，なんと一部の化学者までそう思っています。実は，安定した液体として存在できる温度がかなり狭い範囲であるため，固体を加熱すると急速に液体状態を通り越して気体になってしまうのです）。

　ヨウ素にはかなりの毒性と爆発性があり，用心して取り扱う必要があります。それでも，商業的用途があり，初期の写真技法「ダゲレオタイプ（銀板写真）」に使われ，もっと後になってからは消毒薬，家畜飼料の添加物，インク，染料などに使われています。ほかのハロゲンと同じように，ヨウ素も安定したイオンを形成することができます。また，ヨウ化物は，海水中にヨウ素イオン I^- またはヨウ素酸イオン IO_3^- の形で豊富にあります。海鮮食品や海水の飛沫からヨウ素を吸収する植物を通じて，ヨウ素は安全に人

間の植物連鎖に入ります。

　こうして古代からの謎が解明されました。かなり危険な初期の
ヨウ素を使った実験の後，ヨウ素カリウムが甲状腺腫の治療に有
効であることが発見されたのです。そして，商業的に流通する塩
に安全な量のヨウ素が添加され始め，先進国におけるクレチン症
はほぼ壊滅しました。ヨウ素は甲状腺に必要ですが，多すぎても
少なすぎても医学的問題を起こします。ヨウ素欠乏症の問題は多
くの開発途上国で今も続いています。なお，日本においてはヨウ
素を食品に添加することは認められていません。しかし，日本人
は，ヨウ素を含む海藻類をよく食べるので，ヨウ素不足から起こ
る病気になることは基本的にありません。

キセノン

54
Xe
131.293
Xenon

分類：貴ガス
原子番号：54
色：無色
融点：－112℃ （－169℉）
沸点：－108℃ （－163℉）
発見年：1898年

　ウィリアム・ラムゼーと同僚モーリス・トラバースにとって，
1898年は素晴らしい年でした。その4年前にアルゴンを発見し，
空気の実験を続けてクリプトンとネオンを発見しました。けれど

も，それに終わらず，工業化学者ルードウィッヒ・モンドから空気液化装置を譲り受け，二人は実験を続けました。7月12日，アルゴンやクリプトンの残留物を取り除くために真空装置を使っていたときに，ガスの小さな泡が残ることに気づきました。二酸化炭素を取り除くために水酸化カリウムを使ったところ，真空ラインにわずかな物質が残り，加熱すると美しい青色に輝いて，クリプトンとはかなり異なるスペクトル線が現れました。二人は新元素を発見したと結論を出し，（すでに青色を意味する言葉がどれも使われていることに気づいて）「異邦人」「見慣れない物」を意味するギリシャ語の言葉からキセノンと命名しました。

キセノンは重いガスです。たとえば，風船をキセノンでふくらませると，驚くほど急速に床に落ちてしまいます（生産にたいへんコストがかかるガスなので，気をつけてやらなくてはなりません）。長い間，キセノンは完全に不活性であると信じられていましたが，カナダで研究中だったイギリス人化学者ニール・バートレットたちが，フッ素や白金と化合物を生成できることを見事な実験で証明しました。その後，さらなる化合物も発見され，適切な条件下では金，水素，硫黄と反応するとわかりました。けれども，これらはどれも不安定で，とても酸化しやすい化合物です。

このため，現在キセノンの主要用途は単体元素に基づいています。瞬間点灯ができる自動車のヘッドライト，写真撮影用のエレクトロニックフラッシュ，一部のレーザーや日焼けマシンに使われています。理論的には，笑気ガスのように，有効な麻酔として使えるのですが，実用化にはコストがかかりすぎることがはっきりしています。最後になりますが，キセノンイオン推進システム（XIPS：Xenon Ion Propulsion System）という名はSF小説からのように聞こえるかもしれませんが，これは，人工衛星を動かす

のに使われる実在の技術です。このイオンエンジンはキセノン原子をイオン化して，放出速度をおよそ秒速30 kmに加速してから噴射し，人工衛星を宇宙で進ませます。

セシウム

分類：アルカリ金属
原子番号：55
色：黄色がかった銀色
融点：28℃ （83℉）
沸点：671℃ （1240℉）
発見年：1860年

　セシウムは，極端な反応性がなければ，いじると楽しい元素になることでしょう。常温よりちょっと高い温度で液体になるので，手の温かさで溶かせるのです。金色の金属三種の一つ（銅，それからもちろん金とともに）ですが，100パーセント純粋なセシウムの場合，ほんのわずかな酸素によっても金色は失われます。問題は空気中では非常に反応性が高いことで，油の中やアルゴンなどの不活性ガス下で保存します。もし水に落とすと，同じくアルカリ金属のリチウム，カリウム，ナトリウム，ルビジウムよりも激しく爆発します（セシウムが，より重いアルカリ金属のフランシウムよりも反応性がわずかに高い理由については，170ページ参照）。

皆さんは，ロバート・ブンゼンとグスタフ・キルヒホフが，自分たちで発明した分光器を使って1861年にルビジウムを発見したことを覚えているかもしれません。当時二人はすでにセシウムを発見済みでした。鉱泉の水を分析していたときに，スペクトルに予期しなかった青い線があるのに気づいて新元素であると発表し，「青色」を意味するギリシャ語にちなんで「caesium（セシウム）」と名付けました。彼らは塩化セシウムを生成しましたが，溶融させたシアン化セシウムからセシウムの単離が成功したのは22年後，ボン大学のカール・セッテルベルグによってでした。

　セシウム化合物は，掘削液（溶液の比重が大きいため岩石除去に使われる）や光学ガラスの材料に使われます。けれども，この元素の最も重要な用途はセシウム時計で，それまで主に使われていたルビジウムに取って代わりました。原子時計の原理は，中性子の磁場によって起こされるエネルギーレベル変化の周波数によるもので，安定した同位体セシウム133は今のところ最善の選択肢なのです（ルビジウムのように，ストロンチウムも，また理論上はイッテルビウムも使えます）。

秒とは

　国際的に認められた秒の定義は何かと聞かれたら，これを覚えておきましょう。1967年に国際度量衡局によって決められた公式定義は，セシウム133の原子が二つのエネルギー状態間の遷移に対応する放射の周期を9,192,631,770回繰り返す間にかかる時間です。簡単ですよね！

バリウム

分類：アルカリ土類金属
原子番号：56
色：黄色を帯びた銀色
融点：729℃ （1344℉）
沸点：1845℃ （3353℉）
発見年：1808年

　もしあなたが不運にも「バリウムがゆ」やバリウム注腸を経験しているなら，バリウムにはあまりよい記憶がないでしょう。重い元素ですので，バリウムはレントゲン撮影にはっきり表れ，そのため腸や食道に影響する病状の診断によく使われます。液体状の硫酸バリウムを成分とする造影剤は，少しでも口にしやすいようイチゴ味やミント味を添加して使われています。硫酸バリウムの利点は，ほとんど水に溶けないため，検査後に完全に消化器から排せつされることです。可溶性バリウム塩は毒性が高いので，これは非常に重要です。炭酸バリウムはネズミ駆除の殺鼠剤に使われてきましたし，1993年，テキサス州の高校生マリー・ロバーズは学校の化学室から酢酸バリウムを盗んで父親を毒殺しました。

　硫酸バリウムは天然には，バライトというやや透明な白色の著しく重い鉱石として存在します。17世紀にボローニャの靴職人ヴィンセンツォ・カッシャローロが，じゅうぶん加熱されると暗闇で輝く岩を発見しました。そして，この石（太陽石，ボローニャ石と呼ばれました）から金をつくり出せる方法があるのではないかと大喜びしましたが，これは単なる硫酸バリウムでした。

バリウムは，空気中で反応性が高いため，化合物の形でしか天然に見つかりません。たとえば，炭酸バリウムは毒重石という鉱石として存在します。これらの鉱石からバリウム元素を炭素によって抽出しようという試みは失敗に終わりましたが，1808年にハンフリー・デービーが水酸化バリウムの電解により，軟らかく灰色っぽい金属の単離に成功しました。バリウムの名は，ギリシャ語で「重い」という意味の「barys」にちなんでいます。また，「重晶石」とも呼ばれるバライトは，石油産業で採掘時に掘削泥水中の掘削材として使われます。

ほかにも塗料やガラス生産で使われ，硝酸バリウムは花火の緑色に使われています。驚くべき化合物，YBCO（イットリウム系超伝導体。イットリウム，バリウム，銅，酸から構成される酸化物。95ページ参照）は，比較的高い温度でも超伝導体として使え，科学界でたいへん注目されています。またバライトは，海洋学者が興味をもつ役割ももっています。水に溶けずに何百万年も安定しているので，この鉱石の海底堆積から，地球の歴史上それぞれの時期に海洋植物プランクトンがどう生息していたのかがわかるのです。

ランタノイド

　ランタノイドは，周期表の下の欄外に一列にまとめられている15個の元素です。これらの化学物質はどれも酸化物（つまり土）として単離されました。希少な鉱物（元素自体はあまり希少ではありません）から得られるため，（スカンジウム，イットリウムと合わせて）「希土類元素（レアアース）」とも呼ばれます。メインの表で，これらの元素はひとまとめにされて全部一つの枠に入ります。どれも非常に似ていて，電子が奇妙に配列されているからで，みな，ほかの原子に反応する原子価電子（5d 6s 電子），つまり化学的特徴を決める電子の数がよく似ています。ランタノイドに属する元素がもつ電子全部の数は，それぞれ異なりますが，原子番号が大きくなるにつれて，電子が5d 6s軌道よりも内側の4f軌道に増えていき，最外殻の電子数は不変なので，そろってとても似た特徴をもっています。

　どの元素についても「つまらない」と化学者にいうべきではないでしょう。もしかしたらその化学者らは，ちょうどその元素の些細な特徴について何年もかけて博士論文を完成させたのかもしれません。けれども，ランタノイドの各元素について説明を等しく行うと，繰り返すはめになりますので，ここでは，重要な情報の表と，その後にキーポイントの概略をまとめておきましょう。

ランタン （La）	原子番号57，融点：920℃（1688℉）， 沸点：3464℃（6267℉），色：銀白色， 発見年：1839年
セリウム （Ce）	原子番号58，融点：795℃（1463℉）， 沸点：3443℃（6229℉），色：鉄灰色， 発見年：1803年
プラセオジム （Pr）	原子番号59，融点：935℃（1715℉）， 沸点：3529℃（6368℉），色：銀白色， 発見年：1885年
ネオジム （Nd）	原子番号60，融点：1024℃（1875℉）， 沸点：3074℃（5565℉），色：銀白色， 発見年：1885年
プロメチウム （Pm）	原子番号61，融点：1042℃（1908℉）， 沸点：3000℃（5432℉），色：銀色， 発見年：1945年
サマリウム （Sm）	原子番号62，融点：1072℃（1962℉）， 沸点：1794℃（3261℉），色：銀白色， 発見年：1879年
ユウロピウム （Eu）	原子番号63，融点：826℃（1519℉）， 沸点：1529℃（2784℉），色：銀白色， 発見年：1901年
ガドリニウム （Gd）	原子番号64，融点：1312℃（2394℉）， 沸点：3273℃（5923℉），色：銀色， 発見年：1880年
テルビウム （Tb）	原子番号65，融点：1356℃（2473℉）， 沸点：3230℃（5846℉），色：銀白色， 発見年：1843年

ジスプロシウム（Dy）	原子番号66, 融点：1407℃（2565℉）, 沸点：2562℃（4653℉）, 色：銀白色, 発見年：1886年
ホルミウム（Ho）	原子番号67, 融点：1461℃（2662℉）, 沸点：2720℃（4928℉）, 色：銀白色, 発見年：1878年
エルビウム（Er）	原子番号68, 融点：1529℃（2784℉）, 沸点：2868℃（5194℉）, 色：銀色, 発見年：1842年
ツリウム（Tm）	原子番号69, 融点：1545℃（2813℉）, 沸点：1950℃（3542℉）, 色：銀灰色, 発見年：1879年
イッテルビウム（Yb）	原子番号70, 融点：824℃（1515℉）, 沸点：1196℃（2185℉）, 色：銀色, 発見年：1878年
ルテチウム（Lu）	原子番号71, 融点：1652℃（3006℉）, 沸点：3402℃（6156℉）, 色：銀色, 発見年：1907年

ランタノイドの一般的な特徴

　ほとんどのランタノイドは銀色っぽい金属で，ナイフで切れるほどの軟らかさです。ランタン，セリウム，プラセオジム，ネオジム，ユウロピウムはどれも反応性が高く，急速に酸化被膜を形成します。ほかのランタノイドは，ほかの金属と混ぜると腐食する傾向があり，窒素や酸素が混入するともろくなります。ランタノイドは，冷たい水よりも熱い湯に急速に反応し，その反応で水素を生みだします。空気中ではかなり燃えやすい性質です。ランタノイドは，ほとんどの場合，モナズ石（モナザイト）とバストネス石（バストネサイト）という二つの鉱石から見つけられ，これらの鉱石の中にかなり一定の割合で混在していることが多く（たとえば，25～38パーセントがランタン），その元素の原子番号が大きくなるほど少ない量で，より重いために大昔に地球マントルの奥深くへ沈みました。

ランタン

　ランタンは1839年にスウェーデンの化学者カール・グスタフ・モサンデルに発見され，1923年に単離されました。合金としては，高密度でガスを吸収し，水素のスポンジのような「水素吸蔵材料」として働くパラジウムと共通する性質をもちます。けれども，この特徴に商業的価値をもたせるには，ランタンは重すぎるでしょう。ミッシュメタルと呼ばれる混合希土類の合金の構成は主に，25パーセントがランタン（セリウム50パーセント，ネオジム18パーセント，あとはそのほかのランタノイド）で，ライ

ターの石に使われます。リンを中和できるため，池に藻が育ちすぎるのを防ぐのに使われます。

セリウム

　セリウムは1803年にスウェーデンの化学者イェンス・ヤコブ・ベルセリウス とウィルヘルム・ヒージンガーによって発見されました。ほとんどのランタノイドは，モナズ石（モナザイト）かバストネス石（バストネサイト）からいっしょに発見されましたが，セリウムはまったく別にセリウム塩であるセリウムシリケートから見つけられました。地殻内に最も多くあるランタノイドで，環境にやさしい素晴らしい用途がいくつかあります。たとえば，赤色の顔料となり，これはカドミウムや水銀や鉛からよりもずっと安全な塗料の材料になります。また，燃料に少量添加すると，排ガスの汚染粒子状物質の数を減らすことができます。自浄式オーブンの内壁コーティングにも使われ，料理からの汚れを灰のような物質に変えて，比較的容易に拭き取れるようにします。セリウムのかたまりを擦ったり引っかいたりすると，自然に燃焼する「自然発火性」が起こります。

プラセオジム

　カール・グスタフ・モサンデルはランタンを発見したとき，残留物があったため，もう一つ元素があるのではないかと考えて，それをジジミウムと名付けました。その後，1885年にオーストリアの化学者カール・アウアー・フォン・ヴェルスバッハが（ほぼ）二つの元素の混合物であると証明しました。これがプラセオジムとネオジムでした。プラセオジムの主な用途は，航空機エンジンの部品などで，マグネシウムとの高強度合金の成分として使われ

ています。ほかのランタノイドと同じように，撮影用の放電灯の
電極に使われます。また，ガラスやエナメル用の濃い黄色の着色
料，それから溶接工の遮光ゴーグルに使われるガラスの材料に使
われて黄色光線と赤外線を遮断します。

ネオジム

　ネオジムは，モサンデルの「ジジウム」に含まれていたもう一
つの元素で，1925年に単離されました。最も重要な役割は，非
常に強力なネオジム磁石（ネオジム，鉄，ホウ素の合金からつく
れる）です。これは電気自動車向け電動機の磁石として広く使わ
れています。ネオジムはまた，溶接メガネのガラス，それから日
焼けマシンで日焼け用の紫外線を透過して，赤外線を透過しない
よう使われています。

プロメチウム

　ビスマス（原子番号83の化学元素。赤みがかった銀白色のも
ろい金属）より原子番号が小さいほとんどの元素が安定した形を
もっています。例外が二つあり，テクネチウム（103ページ参照）
とプロメチウムは安定同位体をもたず，プロメチウムの同位体の
半減期は長いものでも17.7年です。そのため，プロメチウムは
地球ではほとんど天然に存在しません（どういうわけかアンドロ
メダ座のある恒星では大量に生成されているようです）。最初に
確認されたのは，1945年に原子炉から取り出されたウラン燃料
の核分裂生成物中からでした。粒子加速器内でネオジムとプラセ
オジムを衝突させて生成することもできます。時計の文字盤の夜
光塗料としてラジウムに代わって短い間使われましたが，今日は
主に研究目的に使われています。プロメチウムの発見は，「未知

の元素」を見つけるために周期表が使われた，もう一つの例といって差しつかえないでしょう。1902年にチェコの化学者ボフスラフ・ブラウナーがその存在を予言し，1913年にもヘンリー・モーズリー（7ページ参照）が周期表を配列しなおして，ネオジムとサマリウムの間の空欄がいずれ埋められるだろうと予言しました。

サマリウム

サマリウムは，（間接的に）人名にちなんで名付けられた最初の元素です。ロシアの鉱山役人であったサマルスキー大佐は鉱物学者グスタフ・ローゼにいくつかの鉱物標本を調べることを許可し，結局その一つが新しい鉱物だと判明したので，ローゼは大佐への感謝をこめてサマルスキー石（サマルスカイト）と名付けました。1879年にフランスの化学者ポール・ボアボードラン（ガリウムの発見者）がこの鉱物からジジミウムを抽出し，それから新しい元素の抽出にも成功して，これをサマリウムと命名しました。レーザー，ガラス生産，蛍光体向けに特殊な用途があります。コバルトとの合金は強力な磁石をつくりますが，ネオジム磁石に越されてしまいました。

ユウロピウム

ユウロピウムは，1901年にフランスの化学者ウジェーヌ・ドマルセーが単離して命名し，それとは別個に何人かの科学者にも確認されました。ユウロピウムの最も役立つ性質は発光にかかわるもので，その物質内の電子が励起することで発光する蛍光体として，ブラウン管のカラーテレビで利用されています。赤色の蛍光体は一番弱かったのですが，少量のユウロピウムを添加，つま

り「ドープ」することで，ずっと強い光が発せられるようになります。ユウロピウムは（ガスと組み合わされて）蛍光灯にも使われています。そして，ユーロ紙幣では偽造対策の蛍光インクに使われています。

ガドリニウム

　サマリウムと同じように，ガドリニウムもポール・ボアボードランによってジジミウムから抽出されました。これは1886年で，この元素の酸化物がスイスの化学者ジャン・シャルル・ガリサール・ド・マリニャックによって発見されてから6年後でした。よく合金に使われ，たとえば鉄やクロムをより加工しやすくします。元素の中で最もよく知られている中性子吸収体で，原子炉に使われます。MRI検査でも，ガドリニウム化合物が造影剤として投与され，画像をよりはっきりさせます。

テルビウム

　前出のように，イットリウムはスウェーデンのイッテルビー村近くの鉱山で発見されました。そして，さらに三つの元素が直接この地域の鉱石から発見され，この村にちなんで名付けられました。周期表の歴史上，最もおもしろみがなく紛らわしい命名です。エルビウム（1842年），テルビウム（1843年），イッテルビウム（1878年）。そのうえ，さらに三つの元素が，直接ではありませんが，この村にも関係しているものにちなんで名付けられました。ホルミウム（1878年）はスウェーデンの首都ストックホルムにちなみ，ツリウムはスカンジナビア半島の旧地名トゥーレに，そして，やや異なるのは，イッテルビー村地域の鉱物がイットリウムを含有していることを最初に発見したヨハン・ガドリンにちな

んだガドリニウムです。

　混乱しましたか？

　とにかく，テルビウムは主に化合物の形で，ソリッドステートデバイス（SSD），省エネ電球，X線装置，レーザーに使われています。最もおもしろい用途はテルビウム，ジスプロシウム，鉄との合金で，磁力によって大きく伸縮して平らになります。この特徴が高性能の振動スピーカーに活用され，窓ガラスなどの平面に取り付けて，その平面を音響スピーカーに変えることができます。

ジスプロシウム

　ジスプロシウムは，最初は別のエルビウム鉱石の不純物として（この場合はエルビウム）発見されました。何年もかかって，その不純物には，ジスプロシウムと同じように，少なくともあと二つの元素が含まれていることもわかりました。それはホルミウムとツリウムでした。ポール・ボアボードランは，非常に辛抱強く実験を繰り返してやっと単離に成功したので，「得難い」という意味のギリシャ語「dysprositos」にちなんでジスプロシウムと命名しました。中性子をよく吸収するので，原子炉の制御棒に使われています。さらに重要な用途は，ネオジム磁石用の合金への添加で，この磁石が高温環境下でも磁力を保てるようにします。このような磁石は，電気自動車や風力原動機に使われ，両方とも市場が成長中です。そのため，将来ジスプロシウムは供給問題が発生する可能性があり，ランタノイドの中では最も高価で，今でも，ボアボードランが最初に命名したとおり「得難い」元素です。

ホルミウム

　ホルミウムの主な実用的用途は，まわりの組織の損傷を最低限

に抑えて，ある種の腫瘍を切除するための医療用高性能レーザー
で，このレーザーにはイットリウムとアルミニウムの結晶にわず
かなホルミウムの添加を必要とします。ホルミウムはまた強力磁
石にも使われます。2009年，フランスの科学者たちがチタン酸
ホルミウムは磁気単極子（モノポール）のようにふるまうと主張
しました（磁気単極子は英語ではモノポールと呼ばれ，単一の磁
荷のみをもつ仮説上の粒子です。ノーベル物理学賞を受賞した
ポール・ディラックが，大統一理論が成り立つために単極子は存
在しなくてはならないと提唱したため，多くの科学オタクの関心
を集めました）。この主張は激しく真偽を問われました。二つの
磁極が極度に接近していただけで，同一ではなかったからです。
2017年，IBMは，ホルミウム1個の原子にかなりの情報を保存
できる技術を開発したという，信ぴょう性のある実に驚くべき発
表をしました。

エルビウム

　特定の形で，エルビウムは，レーザーに使われる特殊蛍光性質
をもっています。光ファイバーのガラスにエルビウムが添加され
ると，ファイバーに通る光が増幅され，伝送可能なブロードバン
ド信号の容量を増やすことができます。また，ほかのいくつかの
ランタノイド同様に，バナジウムなどとの合金や赤外線吸収ガラ
スに使われます。

ツリウム

　ツリウムと，別のランタノイドであるホルミウムの発見者は，
一般的にスウェーデンの科学者ペール・テオドール・クレーベと
されていますが，1878 〜 1879年の間にいくつもの国で別個に

研究が進んでいました。ツリウムは，二番目に希少なランタノイドです（一番希少なのはプロメチウムで，これは自己崩壊し，核反応でのみ生成されます）。ですから，ほかの一部の元素ほど希少ではなくても，生産コストは高く，もっと安いランタノイドが同じような性質をもっているので，実際にはあまり使われていません。けれども，ツリウムの同位体の一つは，軽重量で持ち運びのできるX線装置や手術用レーザーに使われています。

イッテルビウム

ランタノイドの最後の元素だと，かつて何度かいわれていたイッテルビウムは，1878年にジャン・シャルル・ガリサール・ド・マリニャックによって発見されました。硝酸エルビウムを加熱して，二つの酸化物に分解する方法で発見され，これは酸化エルビウムと白い物質で，白い物質の成分はほとんどが新しい元素で，これをマリニャックはイッテルビウムと名付けました（けれども，純粋なイッテルビウムが生成されたのは1953年でした）。主に，似ているほかのランタノイドの使用を改善する代替品として研究対象になっています。将来は，現在ある原子時計をさらに正確にするために使われるかもしれません。同位体イッテルビウム174は，理論上セシウム時計より性能がよいのです（セシウム時計も非常に正確で，誤差は100万年に1秒だけ！）。

ルテチウム

やがて，マリニャックが生成したイッテルビウムの標本も完全に純粋でなかったと判明しました。ランタノイド元素はどれもよく似ていて，単離できたと確信するのが極端に難しいため，このような問題が起こりがちでした（1911年，アメリカの化学者セ

オドア・ウィリアム・リチャーズは，確実に純粋なツリウムを単離するために，ツリウムの臭素酸塩を15,000回も再結晶化させました）。1907年，フランスの化学者ジョルジュ・ユルバンは，マリニャックが行った一連の複雑な抽出と同じ方法を使い，イッテルビウム標本の残留物からまだ新しい元素が抽出できることを発表しました。これがルテチウムです。一部の化学者は，ルテチウムは遷移金属として，ランタノイドではなく周期表のメイン部分に含まれるべきだと論じています。抽出が難しいこともあり，単体ではめったに使われませんが，商業的な用途もいくつかあります。たとえば，製油所で炭化水素のクラッキング（接触分解反応）用触媒として使用されています。

ハフニウム

分類：遷移金属
原子番号：72
色：銀灰色
融点：2233℃ （4051℉）
沸点：4603℃ （8317℉）
発見年：1923年

　ハフニウムがどのように発見されたかを説明するには，まず，周期表の理解に関する重要な転換点について説明しなくてはなりません。1911年にオランダのアマチュア物理学者アントニウス・ヴァン・デン・ブロークが，周期表での元素の位置は原子核の電荷量によって決めたほうがよいかもしれないと（証拠なしに）提案しました。当時 若かったイギリスの物理学者ヘンリー・モーズリーが，マンチェスター大学でアーネスト・ラザフォードの研究グループに加わって間もない頃でした。モーズリーはそこで世界初の原子力電池の試作品をつくりました。そして，ヴァン・デン・ブロークの提案に夢中になり，モーズリーは研究を続けました。高エネルギー電子が固体と衝突すると，X線を放出することはわかっていました。モーズリーはオックスフォード大学に戻り，研究資金を得て，電子をさまざまな元素に照射して，放出されるX線の波長と周波数を測定する実験装置を用意しました。

　これは，元素がそれぞれ独自固有の周波数のX線を放射し，それが完全に元素の原子番号（その元素がもつ陽子の数）に対応す

るという重要な発見につながりました。ヴァン・デン・ブローク
の仮説が正しいことを明らかにし，陽子の数が完璧に元素を定義
づけることを証明したのです。化学者たちはすぐにモーズリーの
業績の重要性に気づきました。今まであった問題や欠陥に対する
根強い疑いを解決できるやり方で，周期表を配列し直せるからで
す（そのうえ，Ｘ線を使って今までより早い方法で元素を発見で
きるのです）。

　これにより，周期表にまた新たな空欄をつくることになり，さっ
そく，陽子65個，72個，75個の元素探しが始まりました（そし
て，メンデレーエフが予言してまだ見つかっていなかった最後の
43番元素も見つかるはずであると確認されました）。それから年
を経て，43番，61番，75番の元素であるテクネチウム，プロ
メチウム，レニウムが発見されました。

　72番元素は1923年に，デンマークの偉大な物理学者ニール
ス・ボーアの研究所で働いていた二人の若い研究者，ディルク・
コスターとゲオルク・ド・ヘヴェシーに発見されました。未知の
72番元素はランタノイドなのか遷移金属なのかという議論が繰
り広げられましたが，ボーアは金属に違いないと論じました。こ
れに基づき，コスターとド・ヘヴェシーは，修正された周期表で
72番元素のすぐ上の遷移金属であったジルコニウムの鉱石を分
析しました。それから数週間後，二人はＸ線を使って鉱石の中に
微量のハフニウムを発見したのです。

　ハフニウムはジルコニウムと似た性質と用途をもち，両方とも
中性子をよく吸収するため原子炉で使われています。また，強度
と高い融点が必要とされる，合金やプラズマ溶接トーチにも使わ
れています。

旅路の果て

　第一次世界大戦開戦後，ヘンリー・モーズリーは，先輩や上司たちに科学の仕事を続けるよう強く励まされたにもかかわらず，どうしてもと軍隊に加わりました。そして，1915年にガリポリの戦いで戦死したのです。のちに物理学者ロバート・ミリカンはモーズリーについて次のように書きました。「わずか26歳の若者が窓を開いたのです。今我々はその窓から，以前は夢にすら見なかった確実性と確信で，粒子の世界を垣間見ることができるのです。ヨーロッパの戦争の結果が，もしもこの若い命を消し去ることだけだったとしても，それだけで，この戦争は歴史上最も取り返しのつかない犯罪行為だったといえるでしょう。」

タンタル

73 **Ta** 180.94788 Tantalum	**分類**：遷移金属 **原子番号**：73 **色**：銀白色 **融点**：3017℃ （5463℉） **沸点**：5458℃ （9856℉） **発見年**：1802年

　1801年にスウェーデンの化学者アンデシュ・グスタフ・エーケベリがタンタルを発見しましたが，タンタルとそのすぐ上に位置するニオブは類似性があり，それぞれ別の元素であると確認されるまで，長年同じ物質ではないかと混乱した議論が続きました。この二つはほぼいつも「コルタン」と呼ばれる，コロンバイト（ニオブが豊富に含まれた鉱石）とタンタライト（タンタルが豊富に含まれた鉱石）の組み合った鉱物からいっしょに発見されます。著しく反応しにくい元素で，頑固に反応に抵抗しているようなので，神から盗みを行った罰として，永遠に飲めない水の中に立たされたというギリシャ神話のタンタロス王にちなんで命名されました。

　タンタルはスマートフォンや，ほかにもゲーム機器やデジタルカメラなどの携帯機器に広く使われています。タンタルとその酸化物からつくられるコンデンサは，一時的に電気すなわち電荷を蓄え，タンタルは優れた熱・電気伝導体なので，非常に小さいサイズで大容量の部品の創成を可能にします。タンタルがなかったら，現行のこれらの機器のこれほどまでの小型化は難しかったでしょう。

タンタルより高い融点をもつ金属はタングステンとレニウムのみですので，タンタルは航空機エンジンや原子炉など，高温の場所で使われるものの合金材料になります。そして，化学的に非常に不活性であるため，多くの医療用途があり，手術器具，ペースメーカーなどのインプラント，神経や筋肉修復のためのタンタル箔，ガーゼ，ワイヤーに使われています。

近年，タンタルの高需要は政治的論争につながっています。経済不況の間にオーストラリアの主要鉱山が閉鎖され，現在この元素の主な産地はコンゴ民主共和国になっています。ここではタンタルからの利益が恐ろしい紛争の資金源となり，汚職と政治的抗争による腐敗を継続させているのです（このため「ブラッドタンタル」と非難されもします）。

タングステン

74 **W** 183.84 Tungsten	**分類**：遷移金属 **原子番号**：74 **色**：銀灰色 **融点**：3422℃ （6192℉） **沸点**：5555℃ （10,031℉） **発見年**：1783年

17世紀，中国の磁器職人はタングステン顔料で美しいピーチカラーをつくりました。同じ頃，ヨーロッパのスズ精錬業者たち

は，ある鉱物が存在するとスズの生産量がはるかに減少すると苦情をいい，オオカミが羊をむさぼり食うようにスズをむさぼり食うという意味で，その鉱物を「オオカミの（よだれの）泡」と呼びました。おそらくそれが由来で，この鉱石の名前はウルフラマイトなのです。

　何人かの科学者があと少しで成功したのかもしれませんが，タングステンの発見は通常，スペインの化学者ファン・ホセとファウストのエルヤル兄弟によるとされています。1783年，二人はタングステン酸を生成し，炭素で加熱することでタングステンを分離し，それを「ウルフラム」と名付けました。

　タングステンは，金属の中で融点が最も高いため，白熱電球のフィラメントに使われるようになりました。ハロゲンランプにも

タングステン，それともウルフラム

　この金属をタングステンと呼ぶべきか，ウルフラムと呼ぶべきかという論争は，1950年代初期に国際純正・応用化学連合（IUPAC）が「コロンビウム」をニオブと呼び，ウルフラムをタングステンと呼ぶことに決定し，正式には落ちつきました。タングステンは，この金属を研究したスウェーデンの化学者カール・ヴィルヘルム・シェーレが「重い石」という意味のスウェーデン語の言葉からつけた名前です。けれども，ウルフラムの名は元素記号に反映されていますし，今でも使われることがあります。とりわけスペインでは，エルヤル兄弟が選んだ詩的な名前の廃止に不満があり，使われ続けているようです。

使われ，ヨウ素の添加によってさらに高い温度に加熱できます（そして，さらに明るい光になります）。炭化タングステンは極度に硬い化合物で，ドリルや切削工具の材料となり，鉱山や金属加工向けや高性能の歯科用ドリルに使われます。もっと日常的なものでは，ペン先のボールに炭化タングステンが使われます。

レニウム

分類：遷移金属
原子番号：75
色：銀色
融点：3186℃ （5767℉）
沸点：5596℃ （10,105℉）
発見年：1925年

　レニウムの発見には，いくつか誤ったスタートがありました。1908年，日本の化学者 小川正孝がこの元素を単離してニッポニウムと命名しましたが，43番元素を発見したと誤った発表をしたために，この発表は取り消されてしまいました。1925年に再び，ドイツでワルター・ノダック，イーダ・タッケ（のちにノダックと結婚），オットー・ベルクによって単離されましたが，この金属をわずか1ｇ生産するために660ｋｇもの輝水鉛鉱を必要とし（今も銅とモリブデン精錬の副産物として生産されています），ガドリン石からも発見しました。43番元素と75番元素の両方を

発見したと誤って発表したため，彼らの信用に傷がついてしまいましたが，最後に実は75番元素であるとし，ライン川にちなんでレニウムと命名しました。これは最後に発見された天然に存在する金属でもあります。

　レニウムは希少で，通常，天然にはほかの金属といっしょに発見されますが，硫化レニウム（硫黄との化合物）は火山火口で発見されました。ニホウ化レニウムは超硬材料で，ダイヤモンドとは違って極度に高圧な環境の外でも生成できます。

　レニウムはたいていニッケルや鉄との合金にされて，戦闘機のタービンなどに使われます。また，無鉛高オクタン価ガソリン製造に使われる，たいへん役立つ触媒です。そして，タングステンやモリブデンとの合金は極度に硬く耐熱性に優れています。

原子の間違い

　ノダックたちが43番元素を発見したと発表した間違いは，非常に不幸な結果を生みました。1934年にイーダ・ノダックは核分裂反応がありえるだろうという意見を発表したのですが，すでに評判が損なわれていたため，この意見は無視されてしまいました。そして，1938年に中性子を当ててウランの原子が実際に分裂をするのを初めて確かめた，オットー・ハーンとリーゼ・マイトナーとフリッツ・シュトラスマンが核分裂の発見者とされています。

オスミウム

分類：遷移金属
原子番号：76
色：青灰色
融点：3033℃ （5491℉）
沸点：5012℃ （9054℉）
発見年：1803年

　オスミウムは，1803年にイギリスの化学者スミソン・テナントが発見しました。ウイリアム・ウォラストン（107ページ参照）とともに研究を進め，テナントが粗白金を王水（金属を溶かす非常に危険な酸の混合物）に溶かすと，黒い残留物が残りました。ウォラストンは白金溶液のほうを分析し，テナントはこの残留物の実験を行い，それまで知られていなかった二種の金属に分離できることを発見しました。オスミウムとイリジウムです。テナントはイリジウムのほうに大きく喜び，オスミウムは「匂い」や「悪臭」を意味するギリシャ語の「osme」にちなんで命名しました。オスミウムに特殊な悪臭があったためですが，いくつもの化合物も悪臭があり，酸化物は特に臭いです。

　オスミウムは測り方によっては高密度の元素で，鉛の約2倍の密度ですが，あまり現代的な商業用途はなく，現在は毎年約100kgしか生産されていません。イリジウムとの合金は高価な万年筆のペン先，手術道具，その他腐食摩耗に対する耐久性が必要な道具に使われることもあります。オスミウムは，高い融点をもつため電球のフィラメントに使われる金属の一つでしたが，この用途に

はタングステンのほうが好まれるようになりました。ドイツの主要照明メーカーであるオスラム社は1906年にこの社名をつけました。そのときオスミウムとタングステン（当時タングステンのドイツ語名がウルフラムだったことを思いだしてください）の両方を使っていたので，二つを組み合わせた名前なのです。

イリジウム

分類：遷移金属
原子番号：77
色：銀白色
融点：2466℃ （4406℉）
沸点：4428℃ （8002℉）
発見年：1803年

　イリジウム金属は，6500万年前の恐竜（とほかの生物たち）の大量絶滅が巨大隕石の衝突によるものと示す重要な証拠になりました。この元素は地球では希少ですが，隕石によく含まれています。1980年，カリフォルニア大学バークレー校のノーベル物理学賞受賞者ルイス・アルヴァレズと研究チームは，6500万年前に形成された地球の岩石層にはイリジウムの濃度が異常に高いことを発見しました。この地質年代区分は，中生代白亜紀（ドイツ語：Kreide）と新生代古第三紀（英語：Paleogene）の境目であることからK-Pg境界と呼ばれるようになりました。

カナダのアルバータ州バッドランドやデンマークのシェラン島では,この地層が表面に現れていて明瞭に見ることができますが,これは世界中の化石に残されているものの一部です。アルヴァレズと研究チームは,当時巨大隕石の衝突が起きたと論じました。その結果,長期の「衝突の冬」になり,植物は光合成を妨げられ,多くの生物が飢えて絶滅しました。この理論は,1990年代にメキシコ湾でチクシュルーブ・クレーターが発見されて,より重要視されるようになりました。この直径約180 kmのクレーターは,巨大隕石衝突後に大気への衝突物が堆積してK-Pg境界がつくられた証拠になったのです。

　純粋な金属状態のイリジウムは,もろく光沢がある銀色の金属です。前出のように,オスミウムとともに,1803年にスミソン・テナントが初めて単離しました。19世紀の科学者たちの発明や工夫により,イリジウムの用途が見つかるまでには,数十年かかりました。融点が極度に高いので非常に加工しにくいからです。ついに1834年,万年筆の薄く硬いペン先をつくろうとしていた発明家ジョン・アイザック・ホーキンスが,イリジウム付き金ペンをつくることに成功しました。年月を経て,イリジウムの使い方がさらに開発されました。ほかの金属との合金はとても硬く耐腐食性に優れているので,点火プラグの電極先端や航空機部品に使われ,非常に高い温度で使われるるつぼの材質となります。同位体の一つイリジウム192は,ガン患者の放射線治療にも使われています。

白　金

分類：遷移金属
原子番号：78
色：銀白色
融点：1768℃ （3215℉）
沸点：3825℃ （6917℉）
発見年：紀元前7世紀頃

　白金でつくられた工芸品が，女性神官シェペヌペットの棺から出土しました。エジプトのテーベで発見された紀元前7世紀頃の棺でした。南米の古代文明でも2000年前に白金は使われていました。スペインの征服者たちは価値がないものとみなし，「プラチナ（小さな銀）」と呼んで，ただの未熟な金だと思いこんで川に

投げ戻していました。

　しかし，その後イギリス海軍に拿捕されたスペイン船によって標本がヨーロッパにたどり着き，よりよい評判を得始めましたが，コスト効率のよい生産方法が開発されるまでには長い年月がかかりました。白金は，酸化しにくいために金のように腐食に対する耐久性が強い，光沢のある金属です。白金がこれほど希少な理由の一つは，鉄と合金になれる重金属で，地球上の白金の多くがおそらく地核に沈み込んでしまったからでしょう。

　今は貴金属として評価が上がり，結婚指輪に使われたり，その名称はプラチナディスクやプラチナ婚式にまで反映されています。燃料電池，ハードディスク，熱電対，光ファイバー，点火プラグ，ペースメーカー，その他多くのものにも使われています。最も重要な用途は，自動車の排ガス浄化触媒で，有害な炭化水素などを二酸化炭素や水に変換します。この需要は絶え間なく成長中で，今後数十年間で世界的に供給不足になるのではないかと深刻に懸念されています。

　もう一つの重要な化合物はシスプラチンで，これはシス‑ジアミンジクロロ白金（Ⅱ）の通称です。1960年代にアメリカの化学者バーネット・ローゼンバーグが細菌に及ぼす電流の効果を実験中，電極との反応によってこの化合物が形成され，なんと細菌の細胞分裂を抑制したのです。シスプラチンは，睾丸や子宮やその他，多くの種類のガン治療に使われる貴重な医薬品になりました。

金

79
Au
196.966569
Gold

分類：遷移金属
原子番号：79
色：光沢のある黄色（すなわち金色）
融点：1064℃ （1948℉）
沸点：2856℃ （5173℉）
発見年：古代文明

　周期表でこの元素の上にある銅や銀同様に，金はいくつもの古代文明で知られていました。少なくとも5000年前には装飾品や貨幣として使われていました。金はかたまり（1860年代にオーストラリアで発見された70 kg以上のかたまりが史上最大です）や，もっと小さいかけらや粒で発見されます。たとえば，石や砂をふるいにかけて，水の中から金を採取することができます。金はとても重い金属なので，いつも底に沈んでしまうのです。かつては大量の金が原始的な方法で集められていました。ツタンカーメンの墓の中には100 kgの金製品がありました。化学的に反応しにくい金属で（王水には溶けますが），ナイフで切れるほど軟らかく，非常に打ち延ばしやすく，ハンマーでいろいろな形をつくれます（純金は24カラットで，それより低いカラット数は合金で，やや硬くなります）。

　毎年およそ1500 tの金が産出され（ほとんどがロシアと南アフリカから），地上にある在庫のリサイクルと再使用も続いています。金は薄いシート状に打ち延ばされてほかの金属の電気メッキに使われ，たとえば，安価な金製装飾品，また電子部品のコネ

クタを保護するために金メッキ加工が行われます。ICチップには金ワイヤがよく用いられ，これは集積回路に使われます。金を使った合金は，歯の詰め物や，ポリビニルアルコール系接着剤製造の触媒にも使われます。

　ニューヨークの連邦準備制度理事会（FRB）は，多くの国々が所有する，合計約7000 tの金塊を保管しています。およそ数千億ドル相当にあたり，世界最大の金の貯蔵場所です。

海の富

　第一次世界大戦後，敗戦国ドイツは賠償金の支払いを課せられました。愛国的でノーベル賞受賞者である科学者フリッツ・ハーバーは，巨大遠心分離機と電気化学の方法で海水から金の粒子を集めて資金を調達しようという大胆な計画を生み出しました。海水1 tから65 mgの金粒子を産出できると推定し，成功すれば経済的に採算の合う計画だと考えました。けれども，海水中の金の本当の量は1 tあたり約0.004 mgほどしかなく，ハーバーは正しく計算し直すと，たいへんがっかりしてこの計画をあきらめました。

水 銀

80
Hg
200.592
Mercury

分類：遷移金属
原子番号：80
色：灰銀色
融点：−39℃ （−38℉）
沸点：357℃ （674℉）
発見年：古代文明

　鮮やかに赤い鉱物，辰砂（別名：ヴァーミリオン）は 何千年も前に広い地域で売買されていました。近東では口紅として使われ，ほかの顔料としての用途もありました。たとえば，7世紀のマヤ文明の「赤の女王」の墓は驚くべきもので，石棺や副葬品が，辰砂からつくられた鮮やかな赤い粉に覆われていました。辰砂から水銀を抽出でき，これが金を「溶かす」物質だともよく知られていました。理論的には，ほかの鉱物から金を抽出するのに使え，とりわけ，川底からもっとスピーディーに金を集めることができるでしょう。

　けれども，この最後の部分は正しくありませんでした。辰砂は硫化水銀ですので，加熱して蒸発した金属を集めれば水銀を抽出できます。（元素記号Hgは，ギリシャ語の「水」と「銀」を合わせた「hydrargyrum」からです。）けれども，金は水銀の液体の中で溶けるのではなく，著しく低い温度でこの二つの金属のアマルガム，つまり一種の化合物になるのです。この混合物をさらに加熱すると，水銀が蒸発して金が残ります。

　かつて水銀は今よりはるかに高く評価されていました。錬金術

師は水銀を，物質の基本の形として考え，ほかの金属はみな水銀に頼っているとみなしました。古代ローマ人やギリシャ人は水銀を薬に使い，中国人は水銀の飲み物に不老不死の効き目があると信じていました。

　もちろん今では，水銀が唯一室温でも液体である金属で，毒性があり，こういう大昔の用途は単に間違いだとわかっています。『不思議の国のアリス』に登場するマッドハッター（いかれ帽子屋）は，帽子の製造過程で使われる硝酸水銀が原因の精神疾患がヒントになって書かれたそうです。そして，水銀の最も危険な形はメチル水銀で，魚の体内に堆積し，それを食べた人の健康を害します。

　昔は水銀を使っていたものも，徐々に水銀を使わなくなりました。かつては，たいがいの温度計，歯の詰め物用アマルガム，釣りの浮き，絵の具の顔料などに使われていました。今日でもいくつかの化学生産方法で使われます。昔人々はこの素晴らしい金属に惹きつけられたのに，今日では危険視して細心の注意を払うようになりました。

タリウム

| 81 |
| Tl |
| 204.38 |
| Thallium |

分類：貧金属
原子番号：81
色：銀白色
融点：304℃　（579℉）
沸点：1473℃　（2683℉）
発見年：1861年

　タリウムは最も猛毒性のある元素の一つで，長年多くの殺人に使われてきました。イラクのサダム・フセインが自分の対立者を暗殺するために最もよく使った毒です。また，1950年代初めにオーストラリアで，「thallium craze（タリウム大流行）」と呼ばれた，少なくとも5件の別々の犯罪を含む毒殺事件が連続して起きました。1970年代まで，この恐ろしい物質は，殺虫剤や殺鼠剤などの硫酸タリウムとして簡単に入手できました。

　タリウムは，1861年にイギリスのウィリアム・クルックスが発見しました。不純物と混じり合った硫酸のスペクトルに緑色の細い線を見つけ，新元素に違いないと確認し，ギリシャ語で「若芽」や「小枝」を意味する「thallos」にちなんで命名しました。

　1862年，フランスの科学者クロード・オーギュスト・ラミーがさらに詳しい研究を行い，少量の軟らかい銀色の金属（これは空気中ですぐ変色します）を単体分離しました。その後，タリウムの発見者はクルックスかラミーか論争になりましたが，結局それぞれがメダルを受賞して落ちつきました。

　タリウムは主にカリ鉱物やポルックス石などの鉱物中に（セシ

ウムとともに）存在しています。タリウムはカリウムと類似性が
あるために危険です。カリウムを必要とする細胞の部分を乗っ取
り，カリウムが果たす重要な役割を阻害するのです。

　簡単にいうと，タリウム中毒は吐き気や下痢を起こし，さらに
長期にわたって，神経障害，脱毛，精神障害，心不全などさまざ
まな問題を引き起こします。奇妙なことに，最も有効な解毒剤は
フェロシアン化鉄（別名プルシアンブルーあるいはベルリンブ
ルー）で，シアン化物が含まれていますが，毒性がない形です。
タリウム分子を囲み，カリウムの場所に吸収されることを防ぐこ
とで効果を発揮します。

　一部のタリウムは銅や鉛精製の副産物として生産されますが，
電子産業以外での用途はあまりなく，太陽電池向けに使われたり，
酸化タリウムが低融点ガラスに使われたりしています。

鉛

分類：貧金属
原子番号：82
色：鈍い灰色
融点：327℃ （621℉）
沸点：1749℃ （3180℉）
発見年：古代文明

　錬金術師たちは，重く打ち延ばししやすい鉛をいやしい金属と
みなしましたが，天然の灰色からさまざまなほかの色に変えられ
ることは知っていました。酢に浸し，家畜排せつ物置き場に置い
ておくと白くなります。加熱すると，表面にリサージと呼ばれる
黄色い一酸化鉛の膜ができ，それから鮮やかな赤にもなります
（中世には赤い顔料として使われましたが，時間とともに鈍い茶
色に変色します）。鉛から金をつくり出すことができるかもしれ
ないと一部の人たちは信じていましたが，それは間違いでした。

　鉛は，少なくとも古代ギリシャの頃には方鉛鉱から採取されて
いました。ローマ人は鉛を水道管，ピューター，顔料，陶器の釉
薬，そして化粧品（「鉛白」という炭酸鉛で，塗料の顔料にもなり
ました）にまで使いました。鉛の害を医師アウルス・コルネリウ
ス・ケルススが警告したにもかかわらずです。

　今日，鉛は有毒性があるのに，未だ自動車用バッテリー，顔料，
ウェイト，はんだなどに使われています。放射性のない最も重い
安定元素であるため，たとえば，中程度に放射性のある物質の容
器など，放射性遮蔽物に使われます。鉛は特に反応性が高くない

ため，腐食性の高い酸を入れるために使えます。最近まで，鉛は自動車エンジンのノッキング（点火トラブル）を防ぐために使われていましたが，公害の原因となるため禁止されました。今は水道管や食器類には使われませんが，鉛の配管がある古い建物では今でも恐ろしい鉛中毒が起きています。日本では厚生労働省の管轄下，鉛含有に関する水質基準が厳しく定められています。

　ところで，鉛から金をつくろうとした錬金術師たちは完全に的外れだったわけではありません。しかし，原子番号82以上の多くの放射性元素は崩壊系列の最後に鉛になるのですから，理論上，金を鉛に変えるほうが，その逆よりも簡単です。核変換によってこの難しい逆の変換をすることは可能だと証明されましたが，採算の合わない高額な費用がかかるでしょう。

科学者の私を信じなさい

　1924年，アメリカのニュージャージー州にあるスタンダード石油プラントで鉛中毒が多発し，記者会見が開かれました。従業員一名が精神病を患い死亡，さらに35名が入院しました。有鉛ガソリンの発明者トマス・ミジリーは，彼自身もフロリダ州で鉛中毒から回復したばかりでしたが，ガソリンの安全に懐疑的な記者たちを納得させようと，容器に入った添加物テトラエチル鉛で自分の手を洗い，「平均的な道路にはおそらく鉛はなく，鉛や鉛吸収を検知するのは不可能である」からこのガソリンは安全であると主張しました。しかし，「実際の実験データは何も得られていない」ことはしぶしぶ認めました。

ビスマス

83
Bi
208.98040
Bismuth

分類：貧金属
原子番号：83
色：ピンクがかった銀色
融点：272℃ （521℉）
沸点：1564℃ （2847℉）
発見年：15世紀

　ビスマスは15世紀にインカ帝国で知られていました。マチュピチュで出土したナイフは合金製で，ビスマスが含有していたのです。西洋の錬金術師たちもビスマスを知っていて，1460年に採掘されましたが，鉛の一種であるとよく間違えられていました。19世紀には化粧品に使われ，硝酸に溶かして水に注ぐと，白く粉っぽい物質になり，「パール・ホワイト（真珠白）」と呼ばれて，おしろいの材料にされました。鉛白よりはずっと毒性が少ないですが，都市圏では，石炭燃焼で起こる硫黄の公害により，茶色に変色しがちでした。

　ビスマスは重いのにもろい金属で，ピューターなどの合金によく使われます。カドミウムやスズとの合金は低融点をもち，ヒューズやはんだに使われます。そして，未だに（塩化酸化ビスマスの形で）パール光沢のある化粧品や，（酸化ビスマスの形で）黄色い顔料に使われています。次硝酸ビスマスは消化不良の治療薬の原料として使われることもあります。

　かつて，ビスマスは放射性元素ではないと考えられていました。しかし，実際はほんのわずかに放射能があるのです。2003年，

フランスの研究グループが，ビスマス209（天然で長期に存在する唯一のビスマス同位体）の崩壊によりアルファ粒子が生成されることを発見しました。しかし，その半減期は 2×10^{19} 年（2000京年）で，これより長い半減期をもつ物質はほんのいくつかしかありません。ですから，周期表にあるほかのほとんどの放射性物質と違い，この放射能はまったく危険ではありません。

放射能ミニ情報

　安定した原子の原子核には，陽子と電子をいっしょに結びつけるのにじゅうぶんな力があります。しかし，不安定な原子，特にウランのように重いものだと，その力がじゅうぶん強くないため，原子核はエネルギーと粒子を放出し，その現象は「放射性崩壊」と呼ばれます（通常安定している元素でも放射性同位体をもつものがあります）。放射性という言葉は粒子が放出されることを意味し，原子は安定するまで徐々に崩壊していきます。たとえば，ウラン238は14段階を経て徐々に崩壊し，トリウム，ラジウム，ラドン，ポロニウムなどの原子に壊変した後，最後に安定した原子である鉛206になります。一つの原子が崩壊するのにどれだけ時間がかかるかは推測不可能であるため，代わりに「半減期」という概念を使います。半減期は，その同位体の原子核が崩壊して，元の半分の量になるまでの平均時間という意味です。

ポロニウム

84 **Po** 209 Polonium	**分類**：半金属 **原子番号**：84 **色**：銀灰色 **融点**：254℃　（489℉） **沸点**：962℃（1764℉） **発見年**：1898年

　X線は1895年にヴィルヘルム・レントゲンに，ウランの放射線は1896年にアンリ・ベクレルにより発見され，マリ・キュリーはベクレルの発見にすぐ興味をもちました。マリ・キュリーは放射能を発見しませんでしたが，「放射能（英語：radioactivity,フランス語：radioactivité）」という言葉をつくり，たいへんな業績を残し，夫ピエールとともにこの現象の私たちの理解を広げました。

　マリとピエールが行ったポロニウムの抽出は難しい取り組みでした。放射性鉱物ピッチブレンド（今では瀝青ウラン鉱とも呼ばれます）を研究中に，このウランを含む鉱物が，その元素による分以上に放射能をもっているようだと気づきました。そして，たいへん苦労してウランを分離し，大量の残留物をふるいわけて，いくつかのかけらを見つけ，マリの母国ポーランドにちなんでポロニウムと名付けました。

　ポロニウムは極度に希少で，キュリー夫妻の抽出方法を使うと経済的ではありません。代わりに，ビスマス209に中性子を照射してビスマス210を生成し，それが崩壊するとポロニウムに

なります。高温で電気伝導度が落ちるため，半金属でなく金属として分類することもあります。この性質により，ポロニウムは，一部の産業工程で静電気除去ブラシとして使われています。また，半減期が短いので，かなりの熱を放出します。これは，人工衛星や，月面を探索したロシアのルノホートのような月面車の熱電変換に利用されています。

ポロニウム殺人

　2006年，元ロシア情報機関員アレクサンドル・リトビネンコは少量のポロニウムを使って暗殺されました。ポロニウムは（陽子と中性子を含む）アルファ粒子を放出しますが，透過性が低いため，（たとえば）小さい容器に入れて運んでも比較的安全な物質です。ところが，摂取されると，その同じ放射線が，体に吸収されて体内の細胞を攻撃するので，非常に危険なのです。

アスタチン

85
At
210
Astatine

分類：ハロゲン
原子番号：85
色：不明
融点：302℃ （576℉）
沸点：337℃ （639℉）
発見年：1940年

　1937年に最初の「人工的」元素テクネチウムを発見した一人，エミリオ・セグレは翌夏をカリフォルニア州バークレーで過ごしました。そして，イタリアが反ユダヤ人の法律を成立させたため教授職につくことを禁じられてしまい，そのままアメリカに残ることを決めました。そのおかげでバークレーの粒子加速器を使うことができ，別の新しい元素を発見して，ギリシャ語で「不安定」を意味する「astatos」からアスタチンと名付けました。

　この元素は，複雑な放射性崩壊過程の一部としてのみ自然に存在しています。30種以上もの放射性同位体があり，そのどれもが8時間以上の半減期をもちません。微量を生産するために，セグレとデール・コーソンはビスマス209にアルファ粒子を照射してアスタチン211を生成しましたが，見ることができるほどの量ではありませんでした。ハロゲン元素の一つで，おそらくほかのハロゲン元素と似た性質をもっています。

　セグレはマンハッタン計画に加わり，その後アスタチンについてはあまり研究しませんでした。アスタチンはある種のガン治療に利用できると考えられています。この目的には放射線同位体ヨ

ウ素131が使われてきましたが，ベータ粒子（高エネルギー電子）を放出し，腫瘍以外の組織を損傷しかねないという難点があります。アスタチン211は非常に短い半減期のアルファ粒子しか放出しないので，これを使って将来的にガン治療を改善できるかもしれません。

ラドン

分類：貴ガス
原子番号：86
色：固体は光沢のある橙赤色，
　　　それ以外は無色
融点：−71℃　（−96℉）
沸点：62℃　（−79℉）
発見年：1900年

　無色無臭の放射性ガスが常に地面から染み出ていて，換気が不十分な（特に花崗岩の建物の）地下室には危険な量が蓄積されているかもしれないと聞いたら，恐ろしくなるでしょう。ラドンは，周期表の右下端を完成させる二つの放射性貴ガスの最初の元素です。土壌中に存在する少量のウランが崩壊してラドンを形成しますが，トリウム，アクチニウム，ラジウムなどの段階を経てからです。ラドンは半減期が短いため，急速に崩壊してポロニウム，ビスマス等を経て鉛に変化します。

ラジウムのかけらの上にガラス容器を置くと，ラドンが集められます。ドイツの化学者フリードリヒ・エルンスト・ドルンは，これを「ラジウムエマネーション」という，ラジウムのまわりの空気を放射性気体にするガスであると最初に述べました。その後，アーネスト・ラザフォードとウィリアム・ラムゼーが，この元素の真の発見者が誰なのか，激しい論争を繰り広げました。

　短い半減期は，ラドンが建物に蓄積されても徐々に消えていくという意味になりますが，かなり有害になる場合もあり，たとえば，肺ガンの原因にもなりかねません。ご自分の地下室が心配であれば，ラドン測定キットも販売されています。けれども，ほとんどのラドンはあまり弊害を引き起こさずに大気に入って希釈され，低い濃度のまま崩壊します。

フランシウム

分類：アルカリ金属
原子番号：87

87
Fr
223
Francium

色：不明
融点：21℃ （70℉）
沸点：650℃ （1202℉）
発見年：1939年

　1929年，マリ・キュリーは放射線被曝により亡くなる5年前に，新しくマルグリット・ペレーを研究助手として雇いました。

聡明なペレーは，捉えにくい元素であるフランシウム（フランスにちなんだ名）を1939年に発見し，フランス科学アカデミー初の女性会員に選挙で選ばれました。

　原子は，アルファ粒子を一つ放出すると原子番号が2小さくなり，ベータ粒子を放出すると原子番号が1大きくなります。人工的に放射性元素をつくるときは，ほかの元素からの崩壊系列の過程を考慮する方法で行います。フランシウムの場合，ペレーは，すでに知られている放射性不純物を取り除くためにアクチニウム（原子番号89）の標本を精製し，それでも微妙に残る放射性に気づき，新しい元素を発見しました。

　ほとんどのアクチニウムはベータ粒子を放出して崩壊し，トリ

速い電子

　ほかのアルカリ金属（リチウム，ナトリウム，カリウム，ルビジウム，セシウム）が，周期表の下へいくほど反応性が高くなることはすでに見てきました。フランシウムは例外で，興味深い理由があります。元素の原子は陽子が多ければ多いほど，電子が驚くほどのスピードで軌道を動き，光速に近づきます。特殊相対性理論によると，光速に近い速さの電子は，より低速の電子の場合に比べ原子核に引き寄せられて電子－原子核距離を縮めるため，電子を原子核から切り離すことがより難しくなります。その結果，フランシウムはセシウムよりも反応性が低いと考えられています（どちらのかたまりも風呂に落とすべきではないですが）。

ウム（原子番号90で、これはアルファ粒子を失って原子番号88のラジウムになります）を生成します。しかし、わずか一部のアクチニウム原子は、代わりにアルファ粒子を失って87番元素のフランシウムになりますので、たいへん半減期が短く、単体では天然にほんの少ししか存在しません。

ラジウム

<table>
<tr><td rowspan="4">88
Ra
226
Radium</td><td>**分類**：アルカリ土類金属</td></tr>
<tr><td>**原子番号**：88</td></tr>
<tr><td>**色**：白色</td></tr>
<tr><td>**融点**：700℃ （1292℉）</td></tr>
</table>

沸点：1737℃ （3159℉）
発見年：1898年

　キュリー夫妻はピッチブレンドからポロニウムを発見したときに、ラジウム（闇の中で輝く性質なので、「光線」「放射」を意味する言葉からの命名）も発見しました。1910年にマリ・キュリーは（研究仲間のアンドレ＝ルイ・ドビエルヌとともに）塩化ラジウムを水銀電極で電解してラジウムの単離に成功しました。

　天然ラジウムはウラン鉱石に少量存在します。高い放射能をもつ元素で、いくつかの医療用途があり、初期のガン治療での使用が有名でした。今はその大部分で使われなくなりましたが、ラジウム223は骨転移のある前立腺ガンの治療に使われることがあ

ります。

　20世紀初期，ラジウムは時計の文字盤などの夜光塗料に少量使われていました。1920年代に「ラジウム・ガールズ」による有名な訴訟事件が起きました。アメリカのラジウム工場で働いていた5人の若い女性たちが腫瘍を患いました。ラジウムを含有する塗料を使い，何の安全対策も指導されていませんでした。塗料を塗るだけでなく，筆の先をなめて整えていたために口から少量のラジウムを摂取してしまった人もいました。彼女たちは勝訴しましたが，数年以内に全員亡くなりました。今ではラジウムは夜光塗料に使われていませんが，それは訴訟を起こして勝利に至った彼女たちの勇気ある行いのおかげともいえます。

放射性料理本

　マリ・キュリーは再生不良性貧血で亡くなりましたが，おそらくその原因はラジウムだったのでしょう。マリ・キュリーはラジウムを発見したとき，暗闇の研究室へいって試験管がクリスマス・イルミネーションのように輝くのを見て楽しみました。彼女が残したノートも紙も未だに鉛の箱に保管され，放射線防御の用意なしに見ることはできません。おそらく彼女が手にしていたのだと思われる台所にあった料理本ですら，高い放射性が発見されています。

アクチニウム

89	
Ac	
227	
Actinium	

分類：アクチノイド
原子番号：89
色：銀色
融点：1050℃ （1922 ℉）
沸点：3200℃ （5792 ℉）
発見年：1899年

　ランタノイドのように，アクチノイドも一連の元素グループ（89番元素のアクチニウムから103番元素のローレンシウムまで）で，周期表の下の欄外に一列にまとめられています。しかし，アクチノイドの性質は多様性に富み，特にウランなど，一部はたいへん重要です。アクチノイドの最初のいくつかについて，少なくともプルトニウム（94番元素）までについて少々詳しく見ていくと，人工的に生み出された元素の世界をもっと理解できるでしょう。

　アクチノイドはいくつか共通の性質をもっています。どれもすべて，それぞれの同位体が放射性物質で，空気中で変色や自然発火します（とりわけ粉状の場合）。どれも熱湯に反応して水素を放出し，すべて軟らかく高密度で銀色の金属です。

　アクチニウムはマリ・キュリーの研究仲間アンドレ＝ルイ・ドビエルヌが，ラジウム単離のときと同じ方法を使って発見しました。アクチニウムを抽出するために使ったピッチブレンド（瀝青ウラン鉱）というウラン鉱石は，不気味な青い光を放って輝く傾向がありました。これは主にアクチニウム成分によるものです。

ピッチブレンド内には微量のアクチニウムしかないので，研究目的（煙感知器や研究途上のガン治療の実験など，わずかに実用的用途もあります）に必要なときは，ラジウム226に中性子を照射して製造されます。

トリウム

| 90
Th
232.0377
Thorium | **分類**：アクチノイド
原子番号：90
色：銀色
融点：1750℃ （3182℉）
沸点：4788℃ （8650℉）
発見年：1828年 |

　かつて多くの都市の道路は放射性元素によって灯りがともされていました。酸化トリウムはすべての酸化物の中で最も高い融点をもつので，19世紀終わり近くから20世紀初めのガス灯に使われていました。ガス燃焼の熱の中でも溶けずに明るい白い光を発しました。幸いトリウムは，アクチノイドのほかのいくつかほど放射能が強くなく，アルファ粒子を放出しますが，ガラスや人間の皮膚を突きぬけないので，意外と安全な照明方法でした。実際，未だに一部のキャンプ用品に使われています。とはいえ，一般的には「トリウムは含まれていません」とわざわざ表示されている製品を見かけることでしょう。

トリウムは比較的豊富で，地殻の中にはウランの3倍も存在しています。これは，トリウムがさまざまな崩壊系列の部分でありながらも，天然に存在する同位体トリウム232における半減期が地球の年齢よりも長いからです。

　1828年にイェンス・ヤコブ・ベルセリウスがこの元素を発見し，北欧神話の雷神トールにちなんでトリウムと命名しました。もちろん，ベルセリウスはトリウムが放射能をもつことを知りませんでした。当時はまだその概念すら知られていなかったのです。トリウムはウランの代わりに原子炉で使われることもあります。トリウムとウランは必ず同じ場所で見つかるわけではありませんので，トリウム原子炉を建設しようとする国々もあるのです。たとえばインドは，東海岸に（トリウムを産出する）モナズ石（モナザイト）資源が豊富にあるので，将来トリウムをより有効に使用できる新技術を開発中です。

プロトアクチニウム

91
Pa
231.03588
Protactinium

分類：アクチノイド
原子番号：91
色：銀色
融点：1568℃ （2854℉）
沸点：4027℃ （7280℉）
発見年：1913年

　プロトアクチニウムは長年いくつか異なる名前をもってきました。1900年，イギリスの科学者ウィリアム・クルックスが，一部のウラン鉱石に未知の放射性物質があることに気づき，それをウランXと名付けました。1913年，ポーランド系アメリカ人化学者カシミール・ファヤンスが同位体プロトアクチニウム234を単離し，「短い」という意味のラテン語にちなんで「ブレビウム」と命名しました。半減期がわずか約1分だったからです。しかし，オーストリア出身の物理学者リーゼ・マイトナーが，半減期3万3000年の異なる同位体，プロトアクチニウム231を単離し，ファヤンスはこの元素の改名を提案しました。この元素は崩壊すると，その過程でアルファ粒子を失い，アクチニウムを生成するため，マイトナーは「元の」という意味の「プロト」をつけて「protoactinium」（プロトアクチニウム）と名付けました。これはやや発音しにくかったため，やがてprotactinium（プロタクティニウム）と略されるようになりました。

　この（精製しにくい）非常に存在量が少ない元素には，あまり実用的な用途がありません。しかし，プロトアクチニウム231とトリウム230の割合比較による海水循環の調査に使われるこ

とがあります。両方ともウラン粒子の崩壊により，少量ずつ海に存在します。トリウムはプロトアクチニウムよりも速く崩壊するので，研究者たちはこの二つの比率を使って，水がいかに循環しているかのモデルをつくります。

ウラン

92	
U	
238.02891	
Uranium	

分類：アクチノイド
原子番号：92
色：銀灰色
融点：1132℃ （2070℉）
沸点：4131℃ （7468℉）
発見年：1789年

　ピッチブレンド（瀝青ウラン鉱）というウラン鉱石からは，ウランだけでなくいくつかほかの放射元素も抽出できます。中世の銀山の鉱夫たちもたまに掘りだすことがあり，この鉱石を知っていました。1789年，マルティン・ハインリヒ・クラプロートがこれを研究し，黄色い化合物の生産に成功して新元素が含まれていると確信し，惑星ウラヌス（天王星）からウランと名付けました。その後，ウランはフランスの化学者ウジェーヌ・ペリゴーによって単離されました。そして，ついに1896年，アンリ・ベクレルが，光があたらないよう黒い紙で包んだ写真乾板の上にウランの標本を置いておくと，乾板が感光して曇ったため，なんらか

の光線が放出されたに違いないとわかりました。

　地球にあるウランのほとんど（約99パーセント）はウラン238です。非常に少ない割合でウラン235があり，わずかにいくつかほかの同位体も存在しています。ウランは長い半減期をもち，そのためかなり大量にまだ存在していて，この鉱物の放射線崩壊は地球内部の重要な熱源です（そして，火山活動などの現象を起こします）。また，地球の年齢を推測するうえで重要な手がかりにもなります。地球の超新星爆発のときにウラン235とウラン238はおよそ8：5の比率で生成されました。このそれぞれの元の量を現在の比率（半減期も考慮して）と比較すると，地球の年齢を推定することができます。

　ウランは，原子炉で燃料として使えて天然に存在する唯一の元素です。原子力潜水艦の燃料，また（プルトニウムとともに）核兵器をつくるためにも使われます。核兵器は，原子が分裂する（核分裂）か，融合する（核融合）際に，膨大な量のエネルギーと放射線を放出するものです。核兵器の使用は，人類の未来のためにも回避すべきであることは，歴史が教えている通りです。

ネプツニウム

分類：アクチノイド
原子番号：93
色：銀色
融点：637℃ （1179℉）
沸点：4000℃ （7232℉）
発見年：1940年

　イタリア系アメリカ人物理学者エンリコ・フェルミは，トリウムとウランに電子を照射して元素番号93と94を生成しようとしました。フェルミは成功したと確信しましたが，のちにこれは偶然にも核分裂を発見して元の元素の核分裂生成物を見つけていたのだと判明しました。フェルミはマンハッタン計画に参加して，世界最初の原子炉シカゴ・パイル1号を完成させました。

　1940年，バークレーでエドウィン・マクミランとフィリップ・アベルソンが，フェルミの方法を使って，93番元素の生成に成功し，太陽系でウラヌス（天王星）の隣にあることからネプチューン（海王星）にちなんでネプツニウムと命名しました。ネプツニウムは，最後に発見された天然にも存在する元素で，ウラン鉱に極微量含有されています。また，非常に微量ですが，多くの家にも存在しています。崩壊するとネプツニウムに壊変する放射性元素アメリシウムが一部の煙感知器に少量使われているからです。

プルトニウム

94
Pu
244
Plutonium

分類：アクチノイド
原子番号：94
色：銀白色
融点：639℃ （1183℉）
沸点：3228℃ （5842℉）
発見年：1940年

　プルトニウムは，ネプツニウム発見と同じ年に，やはりバークレーで発見されました。合成されたネプツニウムは，その後ベータ粒子を失って崩壊し，プルトニウム238に壊変したのです（これがさらにアルファ崩壊するとウラン234になります）。その前に発見された元素二つ（ウラン・ネプツニウム）が惑星にちなんだ命名であったのに習い，プルート（冥王星）から名付けました。

　この元素はなかなかおもしろい金属で，常温ではもろいのに，加熱したりガリウム合金にしたりすると，打ち延ばしやすく加工ができるようになります。プルトニウムをコバルトとガリウムと合金すると，低温環境での超伝導体材質になります（ただし，プルトニウムが急速に崩壊し，その過程でこの材質は損なわれるため長くは使えません）。プルトニウム238は旧式ペースメーカーの電源に使われました。この崩壊時の熱出力は，土星を探索した惑星探知機カッシーニのような探知機の電源にも活用されています。

　もちろん，プルトニウムについて最もよく知られているのは，核兵器に使われる元素の一つであることです。「リトルボーイ」（広島に投下された原爆）はウラン原爆でしたが，「ファットマ

ン」（続いて長崎に投下された原爆）にはプルトニウムが使われて恐ろしい被害をもたらしました。

プルトニウムのジョーク

　第二次世界大戦中に原子爆弾を開発する過程で，その後プルトニウムと命名された元素を合成したアメリカの科学者チームのリーダーは，グレン・シーボーグでしたが，どうやら風変わりなユーモアの持ち主だったようです。簡単にいうと，原子爆弾開発研究は極秘でしたので，この元素は「銅」というコードネームで呼ばれていました（本物の銅は「神に誓って銅」と呼ばれていました）。終戦を迎え，シーボーグはやっと新たな名前をつけることを許可され，Plutonium（プルトニウム）の略として当たり前の「Pl」でなく，「Pu」を元素記号に選びました。ものすごく臭いもののことを子どもがいう「Pee-Yu（ビーユー）」という言葉と同じ発音でおもしろいと思ったからです。シーボーグの冗談は命名法委員会に認められて，周期表に名をとどめることとなりました。

ネプツニウムは天然にも存在する最後の元素です。またプルトニウムは，超新星爆発（とウランの中性子照射）で生成され，歴史上非常に重要な役割を果たしてきました。ここから先の元素はますます特殊で，地球上では，わずか一握りのハイテク実験室でほかの元素に粒子を当てることでしか生成できません。そして，どれも非常に不安定で急速に崩壊してウランやほかの元素に戻ってしまいます。ですから，その一つ一つの項目をつくらずに，いくつか重要な事実を，元素記号や原子番号をカッコの中に明記してまとめることにします。

アメリシウム

アメリシウム（Am 95）は，かつて地球で天然に存在し，ガボン共和国オクロの地下にあった天然原子炉で生成されていました。しかし，最も寿命の長い同位体（アメリシウム247）の半減期は7370年ですので，この資源はすべて崩壊してしまいました。1944年にグレン・シーボーグが率いる研究チームがシカゴ大学で最初に合成しました。

キュリウム

キュリウム（Cm 96）は，キュリー夫妻にちなんで名付けられ，これもグレン・シーボーグの率いるグループに，1944年初め，このときはバークレーで発見されました。実のところ，シーボーグは1945年11月に子ども向けラジオ番組に出演して発表しました。宇宙開発の電源に使われています。

バークリウム

　バークリウム（Bk 97）は，1949年にアメリシウム241にヘリウム粒子を照射して生成されました。裸眼で見えるぶんの元素をつくるのに9年かかりました。この元素をつくり出したバークレーにちなんだ名前です。

カリホルニウム

　カリホルニウム（Cf 98）も引き続き同じように，キュリウム原子にアルファ粒子を当てて生成され，それが行われた州にちなんで命名されました。金鉱石や銀鉱石を見つける探知機や，航空機の金属疲労を見つけるために使われます。

アインスタイニウム，フェルミウム

　アインスタイニウム（Es 99）とフェルミウム（Fm 100）は，1952年11月にビキニ環礁の核実験で降下物の中から発見されました。最初は両方とも秘密にされ，新しい元素として発表されたのは1955年でした。原子番号が100より大きい元素は「超フェルミウム元素」と呼ばれています。

メンデレビウム

　メンデレビウム（Md 101）は，周期表の考案者（メンデレーエフ）を称える素晴らしい名前をもっています。最初にバークレーのサイクロトロンで生成されたとき，原子数にしてたった17個の原子のみがつくられました。ほとんどの重い元素同様に，研究目的にのみ使われています。

ノーベリウム

　ノーベリウム（No 102）は，科学的論争を引き起こしました。1956年にモスクワの原子力研究所の科学者たちに発見されたのですが，発表されませんでした。その後，ストックホルムのノーベル研究所（元素名の由来）とバークレーでも生成され，真の発見者が誰であるか何年も論争が続きました。

ローレンシウム，ラザホージウム，ドブニウム

　ローレンシウム（Lr 103），ラザホージウム（Rf 104），ドブニウム（Db 105）についても，誰が103番，104番，105番元素を発見したのかで，ロシアとアメリカのチームが争いました。103番元素は，サイクロトロン粒子加速器を発明したアーネスト・ローレンスにちなんで名付けられました。ロシアの科学者たちは，現在ラザホージウム（物理学者アーネスト・ラザフォードにちなんだ名前）として知られる元素を，プルトニウム 242にネオン22を照射して1964年に初めてつくり出しました。同様の技術によって105番元素も発見され，ロシアのチームはニールスボーリウムと，アメリカのチームはハーニウムと名付けました。結局，国際純正・応用化学連合（IUPAC）は，ドゥブナ合同原子核研究所のあるドゥブナにちなんでドブニウムという名前を採択しました。ローレンシウムは最後のアクチノイドで，原子番号104からは超アクチノイド元素あるいは超重元素と呼ばれます。

シーボーギウム

　シーボーギウム（Sg 106）は，グレン・シーボーグにちなんだ名で，最初は1970年にカリホルニウムに酸素を照射してつくられ，再び1974年鉛にクロムを照射して生成されました。今まで

にほんの少数の原子しか生産されていません。

ボーリウム，ハッシウム，マイトネリウム，ダームスタチウム，レントゲニウム，コペルニシウム

　ボーリウム（Bh 107）は，おそらく1975年にドゥブナ合同原子核研究所で初めてつくられたようですが，最初に確認された生成はドイツの重イオン研究所（GSI）で，ビスマスにクロムを照射した常温核融合（コールドフュージョン）によるものでした。同じ研究チームが，最初の少量のハッシウム（Hs 108），マイトネリウム（Mt 109），ダームスタチウム（Ds 110），レントゲニウム（Rg 111），コペルニシウム（Cn 112）も生産しました。

ニホニウム

　ニホニウム（Nh 113）は，2004年に，現在，九州大学の教授を務める森田浩介をリーダーとして日本の理化学研究所の科学者たちによって生成されました。2020年現在，周期表に正式追加された最新の元素であり，欧米以外で初めて命名権を得た元素でもあります。

フレロビウム，モスコビウム，リバモリウム，テネシン，オガネソン

　最後の五つの元素はすべて，ドゥブナ合同原子核研究所でユーリイ・オガネシアンが率いる研究チームとローレンス・リバモア国立研究所（アメリカ・カリフォルニア州），オークリッジ国立研究所（アメリカ・テネシー州）の共同研究チームによって発見されました。フレロビウム（Fl 114），モスコビウム（Mc 115），リバモリウム（Lv 116），テネシン（Ts 117），オガネソン（Og

118，オガネシアン自身にちなんだ名前）です。テネシンは2010年に合成され，118個の元素のうち最後に発見されました。これらの元素はどれも非常に不安定で，ほんのわずかに合成できているだけなので，あまり多くはわかっていません。

原子番号119以上

　もしあなたが『スタートレック』のファンであれば，（原子番号119の）ダイリチウムという結晶物質をご存知かもしれません。未来の宇宙艦のエンジンパワーを強化し，木星の月や南極の隕石から発見されます（どの回をご覧になるかによります）。もちろん，これは作家がつくり上げたフィクションです（漫画『バットマン』の，206番元素バットマニウム発見の話と同じように）。けれども，元素番号119やほかの超超重元素を見つけようとする研究は実際に進められています。粒子を原子に照射しなくてはならないため，生成は極度に難しく，おそらく何年も続けて，やっと（極度に不安定で急速に崩壊する）新元素の原子を数個見つけられるかどうかでしょう。日本の理化学研究所チームはテネシー州のオークリッジ国立研究所と共同研究中で，キュリウムにバナジウムのイオンを照射することで新元素の合成が可能だと信じています。ロシアのユーリイ・オガネシアンのチームは，バークリウムにチタンイオンの照射を試そうと計画しています。

　かつてカール・セーガンは「私たちは星のかけらでできている」と，すべての元素がビッグバン，つまり星や超新星の核反応からつくられて宇宙をうずまき，ともに組み合わさって私たちの世界のありとあらゆるもの，私たちの体の全分子を含めた命あるものもないものも，すべてを形成していることへの驚嘆を表現しました。

　1669年以前，人間はほんの12個の元素しか知りませんでした。しかしそれが，18世紀の終わりには34個に増え，メンデレーエフの周期表には，当時わかっていた62個の元素がありました。そして今，118個も発見されているのです。地球上で天然に存在

する元素すべてを含み，それでも満足せずに，それ以上のことを試し，もっと遠くへ進み，星に向かい続けるのが，人間の自然な気持ちなのでしょう。

▌著者
ジェームス・M・ラッセル／James M. Russell

ケンブリッジ大学で哲学の学位を取得。哲学や科学など，さまざまなジャンルの本の執筆や編集を手がけている。主な著書に『Infinity：The Traveller's Guide』（Palazzo Editions）などがある。妻，娘，2匹の猫とともにノースロンドン在住。

▌監訳者
森 寛敏／もり・ひろとし

中央大学理工学部応用化学科教授。九州大学大学院総合理工学府量子プロセス理工学専攻（博士後期課程）修了。自然科学研究機構 分子科学研究所 理論・計算分子科学研究領域の客員教授も務める。専門は量子化学に基づく機能性分子設計。主な著書に『レアメタル・希少金属リサイクル技術の最先端—ナノ・有機・メタラジーが広げるリサイクル技術』（フロンティア出版）などがある。

▌訳者
中井川玲子／なかいがわ・れいこ

国際基督教大学卒。ミネソタ大学社会学部修士課程修了。シリコンバレーのベンチャー企業や日系企業でハイテク企業とのビジネスに携わった後，翻訳家となる。主な訳書に，『ひとくちサイズの数学』『Arithmetic 数の物語』（いずれもニュートンプレス）などがある。

118元素 全百科

2021年1月15日発行

著者	ジェームス・M・ラッセル
監訳者	森 寛敏
訳者	中井川玲子
翻訳協力	株式会社 メディアエッグ
編集協力	株式会社 オフィスバンズ
編集	道地恵介
表紙デザイン	岩本陽一
発行者	高森康雄
発行所	株式会社 ニュートンプレス 〒112-0012 東京都文京区大塚 3-11-6 https://www.newtonpress.co.jp

© Newton Press 2021 Printed in Korea
ISBN 978-4-315-52316-4